Reisner · Fachwissen Kältetechnik

Klaus Reisner

Fachwissen Kältetechnik

für die industrielle und gewerbliche Praxis

Eine Einführung
mit Aufgaben und Lösungen

2., völlig neu bearbeitete Auflage

Verlag C.F.Müller

Alle in diesem Buch enthaltenen Angaben, Daten, Ergebnisse usw. wurden vom Autor nach bestem Wissen erstellt und von ihm und dem Verlag mit größtmöglicher Sorgfalt überprüft. Dennoch sind inhaltliche Fehler nicht völlig auszuschließen. Daher erfolgen die Angaben usw. ohne jegliche Verpflichtung oder Garantie des Verlages oder des Autors. Beide übernehmen deshalb keinerlei Verantwortung und Haftung für etwa vorhandene inhaltliche Unrichtigkeiten.

Die Deutsche Bibliothek – CIP-Einheitsaufnahme
Reisner, Klaus:
Fachwissen Kältetechnik für die industrielle und gewerbliche Praxis: eine Einführung mit Aufgaben und Lösungen / Klaus Reisner. – 2., völlig neu bearb. Aufl. – Karlsruhe: C. F. Müller, 1993
ISBN 3–7880–7408–6

2., völlig neu bearbeitete Auflage 1994

Gestaltung: diGraph Rolf Fontner, Breuberg
Satz: Fotosatz Schmidt + Co., Weinstadt
Druck und Verarbeitung: Greiser-Druck, Rastatt
Gedruckt auf Recycling-Offset-Papier

Printed in Germany
ISBN 3-7880-7408-6

Für meinen Vater

Für das Zustandekommen dieses Buches bin ich dem Verlag sehr verbunden, der sich in großem Maße, vor allem auch mit viel Geduld und Toleranz, eingesetzt hat. Bei der sprachlichen Gestaltung hat Herr Dirk Ebbing in wochenlanger Arbeit mitgewirkt. Meinen Mandanten, Kunden und Mitarbeitern danke ich für die Vielzahl von Anregungen.

Vorwort

Dieses Fachbuch entstand in Kursen für Kälteanlagenbauer auf Lehrlings- und Meisterprüfungsebene sowie in Ausbildungsseminaren für Betreiber und Anwender, die ich gehalten habe.

Meine Intention zu diesem Buch ist die Erkenntnis, daß nur eine klare, schlüssige Beweisführung aus physikalischer Sicht zu einem tieferen Verständnis dieses Faches führen kann. Das ist aber wiederum eine Voraussetzung für eine einwandfreie Arbeit des Praktikers an den Anlagen.

In meiner über 25jährigen Tätigkeit in der Kältetechnik ist mir mit den Jahren völlig klar geworden, daß es Lernunterlagen vom Praktiker für den Praktiker allein nicht mehr gibt. Jeder muß sich in dem für ihn möglichen Rahmen eine saubere theoretische Grundlage schaffen.

In der Fachliteratur fehlt eine in sich geschlossene, abgerundete, nicht ausschweifende und überschaubare Theorie; noch dazu mit dem Anspruch, einfach plausibel zu sein. Die höhere Mathematik steht nicht jedem in der Praxis so zur Verfügung. Anstelle dessen treten die mindestens genau so wichtigen handwerklichen Fähigkeiten.

Dieses Buch liefert kompakt eine verallgemeinerte Betrachtungsweise der Kältetechnik. Eine Anlage wird von ihrem innersten Aufbau her berechnet. Die dazu notwendigen Grundlagenkenntnisse werden ebenfalls behandelt. Alle notwendigen Voraussetzungen habe ich auf einfachste, einsichtige Fakten zurückgeführt, fast bis auf die Tatsache, daß $3 \cdot 2 = 6$ sein mag.

Darüber ergibt sich das tiefe, in sich schlüssige Verständnis. Es werden keinerlei Formeln abgedruckt oder auswendig gelernt. Alle Berechnungen werden aus vorhergehendem abgeleitet. Hier wird aus dem Verständnis heraus gerechnet und grundsätzlich konstruiert. Um diese Verständnisebene auch ohne Anwendung höherer Mathematik zu erreichen, habe ich einige Kniffe angewandt, die mancher Theoretiker schelten wird. Insbesondere bei der Darstellung von Leistungen und Wirkungsgraden wird mit einfachen Flächen gearbeitet, um die Integralrechnung zu vermeiden. Ich hoffe aber, trotzdem auf dem Boden der Realität geblieben zu sein und „Eselsbrücken" vermieden zu haben.

Auch bei der Besprechung der Chemie der Kältemittel habe ich auf Plausibilitätsdarstellungen Wert gelegt. Diese sind wohl so verständlich, daß die weitere technische Entwicklung leicht nachvollzogen werden kann. Ich verwende klare Begriffsdefinitionen, auch um dem Trend der immer oberflächlicher werdenden Sprache entgegenzuwirken. D.h., in der Politik und den Medien werden immer häufiger Begriffe benutzt, die in unseren täglichen Sprachgebrauch übergehen, ohne daß uns deren wirkliche Bedeutung erläutert wird.

In dieses Buch gehören unumstößliche Fakten aus Physik und Chemie sowie Mathematik. Ich habe daher auf die nähere Besprechung möglicher neuer Kältemittel verzichtet. Ähnliches gilt auch für die Bauteile. Das gehört in den Bereich der aktuellen Fachzeitschriften. Aber mit den hier besprochenen Grundlagen kann man die neuen Informationen besser verstehen und ein kritisches Verhältnis dazu bilden. Dies ist ein besonderes Anliegen des Verfassers.

So bietet dieses Buch hoffentlich nicht nur den in der Kältetechnik unmittelbar tätigen Menschen einen Fundus. Den Betreibern und Anwendern von Kühlanlagen aus Industrie und Gewerbe wird ein neues Verständnis für ihre Maschinen eröffnet.

Betreiber und Anwender werden in die Lage versetzt, die energetischen Vorgänge in ihren Anlagen zu beurteilen. Ich habe sehr oft auf einfaches Verstehen der technischen Vorgänge hingewiesen.

Immer ist aber ein gewisses Ringen um Verständnis notwendig, ohne Einsatz und eigene Disziplin ist auch mit diesem Buch kein Fortkommen möglich.

Sind alle maßgeblichen Teile einer Kühlanlage behandelt, bildet das Thema Kältebedarf den Schluß des Buches. Die notwendigen Bauteile können ausgewählt werden. Die Bauteile sind ebenfalls grundlegend besprochen, nicht in Differenzierungen, wie sie von Firmen unterschiedlich angesprochen werden.

September 1993 — Klaus Reisner

Inhaltsverzeichnis

Seite

1. Grundlagen

1.1 Vom Aufbau der Materie

Unter den verschiedenen Stoffen der Materie lassen sich auf den ersten Blick drei Gruppen erkennen: **feste Körper, Flüssigkeiten** und **Gase**.

Selbst im alltäglichen Umgang begegnet man jedoch einer Reihe von Stoffen, die sich bei genauerer Betrachtung sowohl in die eine wie in die andere Gruppe einordnen lassen. So kennen wir beispielsweise Wasser als Flüssigkeit, ebenso als festen Körper in Form von Eis, schließlich als Gas in Form von Dampf. Daß es sich bei diesen verschiedenen Erscheinungsformen tatsächlich um den gleichen Stoff handelt, läßt sich mit einem Versuch unschwer beweisen: Wird Eis erhitzt, so entsteht Wasser; durch weiteres Erhitzen wird wiederum das Wasser zu Dampf.

Demnach läßt sich die äußere Erscheinungsform eines Stoffes durch die **bloße Zufuhr von Wärmeenergie** verändern.

Um diesen Vorgang verstehen zu können, bedarf es eines kurzen Rückgriffs auf unser physikalisches Schulwissen.

Bekanntlich bestehen alle Stoffe der Materie aus einer begrenzten Zahl **chemischer Elemente**. Diese Elemente sind die Grundstoffe, aus denen sich alle übrigen stofflichen Verbindungen zusammensetzen. Kennzeichnend ist für ein chemisches Element, daß es sich durch kein chemisches Verfahren in noch einfachere Stoffe zerlegen läßt. Die besonderen Eigenschaften eines Elements, durch die es sich von anderen unterscheidet, ergeben sich aus dem inneren Aufbau seiner Atome.

Atome sind die kleinsten Teile eines chemischen Elements.

Die kleinsten Teile aller übrigen Stoffe (jener, die keine chemischen Elemente sind) bezeichnet man als Molekül.

Ein Molekül ist eine Verbindung verschiedenartiger Atome, bei der durch chemische Bindungskräfte ein völlig neuer, andersartiger Stoff entstanden ist*.

So ist beispielsweise Wasser eine Verbindung der Elemente Wasserstoff (chemisches Zeichen H) und Sauerstoff (chemisches Zeichen O); ein Wasser-Molekül besteht aus zwei Wasserstoff-Atomen und einem Sauerstoff-Atom, weswegen seine chemische Bezeichnung H_2O lautet.

Aufgrund ihres inneren Aufbaus üben die Atome bzw. Moleküle eines Stoffes Kräfte aufeinander aus, die eine anziehende Wirkung besitzen. Diese sogenannten **Kohäsionskräfte** sorgen für den inneren Zusammenhalt der Stoffe; ihre jeweilige Stärke hängt von der Art der Atome bzw. Moleküle ab.

* Moleküle ausschließlich gleichartiger Atome bleiben hier im Interesse pädagogischer Klarheit unerwähnt.

So sind die Kohäsionskräfte bei Stoffen hoher Festigkeit, z. B. bei Metallen, besonders stark: die Moleküle lagern sich sehr eng aneinander und bilden eine **Gitterstruktur**.

Bei Flüssigkeiten sind die Kräfte geringer, so daß ein flüssiger Stoff eben nicht fest ist, sondern flüssig.

Gasförmige Stoffe haben aufgrund schwacher Kohäsionskräfte nur einen sehr lokkeren Verbund ihrer Moleküle; deshalb sind diese Stoffe sehr flüchtig.

Die Art ihres Verbundes bietet auch die Erklärung dafür, daß sich gasförmige Stoffe sehr weit zusammenpressen **(komprimieren)** lassen, Flüssigkeiten hingegen weniger weit und feste Stoffe kaum. Die nachstehende Skizze verdeutlicht diesen Zusammenhang (Abbildung 1).

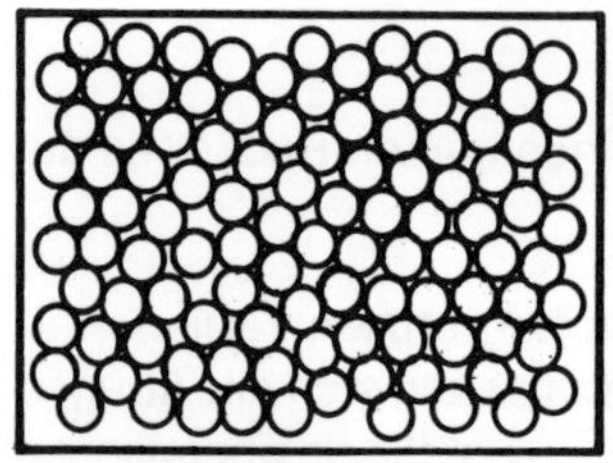

fest
(Gitterstruktur)

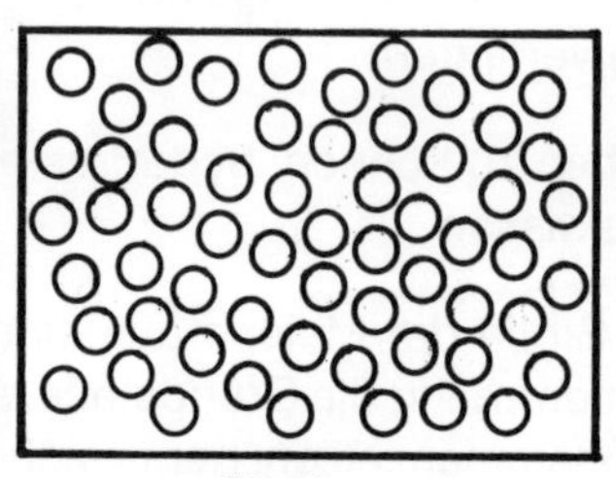

flüssig
(Teilchen bleiben noch beieinander)

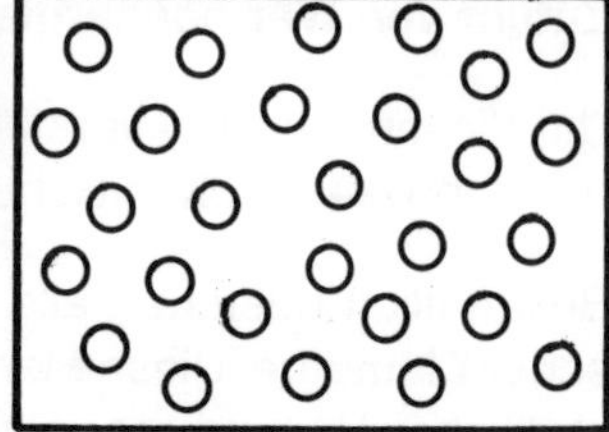

gasförmig
(Teilchen können sich frei und unabhängig voneinander bewegen)

○ = 1 Molekül

Der eingangs geschilderte Versuch hat gezeigt, daß die äußere Erscheinungsform des Wassers sich durch bloße Wärmezufuhr verändert, vom festen Körper über die Flüssigkeit bis hin zum Gas. Wir wissen nun, daß diese Erscheinungsformen auf unterschiedliche Arten des Molekülverbundes zurückzuführen sind. Man bezeichnet die verschiedenen Erscheinungsformen als **Aggregatzustände**, von denen es bei jedem Stoff drei eindeutig unterscheidbare gibt:

fest, flüssig und gasförmig*.

Da offenbar die Wärmezufuhr für die Änderung der Aggregatzustände verantwortlich ist, bleibt nun zu klären, welchen Einfluß sie auf die Kohäsionskräfte der Moleküle ausübt.

Zuvor soll jedoch die anfängliche Versuchsanordnung ein wenig verändert und gleichzeitig präzisiert werden.

* Wissenschaftlich bekannt ist noch ein weiterer Aggregatzustand, der jedoch für die irdischen Zwecke dieses Buches ohne Belang ist: das Plasma.

1.2 Versuch zur Stofferwärmung

In diesem zweiten Versuch werden nun gleiche Mengen verschiedenartiger Flüssigkeiten erhitzt: Wasser, Alkohol und das Kältemittel R 11. Während der Wärmezufuhr wird die Temperatur gemessen (Abbildung 2).

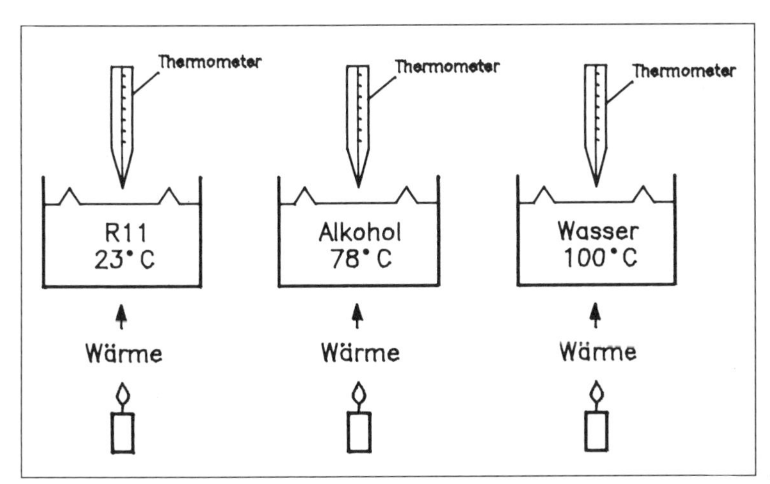

Abbildung 2

Dabei zeigt sich:

1. Die Temperaturen steigen gleichmäßig an, bis die Flüssigkeiten zu sieden beginnen. Die gemessenen Siedetemperaturen betragen:

Wasser	+ 100°C
Alkohol	+ 78°C
R 11	+ 23°C

   Der Temperaturanstieg endet bei der jeweiligen Siedetemperatur.

2. Die verschiedenen Stoffe erwärmen sich trotz gleicher Menge und gleicher Wärmezufuhr unterschiedlich schnell.

3. Die Wärme fließt von der Wärmequelle zur kälteren Flüssigkeit, mithin von der warmen zur kälteren Seite, von der hohen Temperatur zur niedrigen. Diese banal wirkende Feststellung ist, wie wir noch sehen werden, von elementarer Bedeutung.

Wie lassen sich diese Phänomene erklären?

Der Zustrom von Wärmeenergie wird von den Molekülen der verschiedenen Stoffe in **Bewegungsenergie** umgesetzt; diese Bewegung der Moleküle äußert sich bei festen Körpern und Flüssigkeiten in Form von Schwingungen.

Wärme ist eine Energie, die Moleküle in Schwingungen versetzt. Die Schwingungen bewirken eine Temperaturerhöhung;

je stärker die Schwingungen sind, um so höher ist die Temperatur.

Bei einer bestimmten Temperatur, dann nämlich, wenn die Flüssigkeit siedet, sind die Schwingungen so stark, daß der bisherige Molekülverbund zerreißt und der Stoff vom flüssigen in den gasförmigen Zustand übergeht. Die Wärme leistet Arbeit gegen die Kohäsionskräfte und sorgt für eine beträchtliche Volumenvergrößerung des Stoffes.

Die Temperatur bleibt trotz Wärmezufuhr konstant.

Auf einem niedrigeren Temperaturniveau geschieht das gleiche, wenn ein Stoff von festem in flüssigen Zustand übergeht. Die Temperatur, bei der sich ein Stoff verflüssigt, bezeichnet man als **Schmelztemperatur**; sie beträgt z.B. bei Wasser 0°C.

Handelt es sich bei der Ursache für einen Wechsel des Aggregatzustandes um einen Wärmeentzug statt einer Wärmezufuhr, so spricht man anstelle von **Schmelz-** und **Siedetemperatur** von der **Erstarrungs-** bzw. der **Kondensationstemperatur**.

Die bei diesem Versuch gemessenen Siedetemperaturen zeigen, daß die Temperaturen, bei denen eine Änderung des Aggregatzustandes stattfindet, bei verschiedenen Stoffen unterschiedlich hoch sind. Bei jedem einzelnen Stoff vollzieht sich der Übergang von einem Aggregatzustand in einen anderen bei einer ganz bestimmten konstanten Temperatur.

Die zweite anhand dieses Versuchs getroffene Feststellung, wonach sich die drei Flüssigkeiten trotz gleicher Menge und gleicher Wärmezufuhr unterschiedlich schnell erwärmen, macht deutlich, daß die verschiedenen Stoffe unterschiedlich große Wärmemengen erfordern, um einen bestimmten Temperaturanstieg zu erreichen. Um eine bestimmte Masse eines Stoffes zu verdampfen, benötigt man demnach eine bestimmte Menge Wärmeenergie.

Diejenige Wärmemenge, die erforderlich ist, um einen Wechsel des Aggregatzustandes hervorzurufen, bezeichnet man – je nachdem, ob es sich um Wärmezufuhr oder -entzug handelt – als **Verdampfungs- bzw. Verflüssigungswärme** und als **Schmelz- bzw. Erstarrungswärme**.

Diese Wärmemengen bewirken keine Temperaturänderung, weswegen sie nicht sinnlich wahrnehmbar sind; man spricht in diesem Fall von **latenter Wärme (verborgener Wärme)**, im Gegensatz zu **sensibler Wärme (fühlbarer Wärme)**.

Während die sensible Wärme einen spürbaren Temperaturanstieg verursacht, läßt sich die tatsächliche Existenz der latenten Wärme in unserem Versuch daran erkennen, daß die Flüssigkeitstemperaturen über den Siedepunkt hinaus nicht ansteigen, obgleich die Wärmezufuhr nicht unterbrochen wird. Die weiterhin zugeführte Wärmeenergie wird folglich allein vom Wechsel des Aggregatzustandes, dem Verdampfen, „verbraucht“, oder richtiger: sie wird vom gasförmigen Zustand des Stoffes gebunden; denn schließlich wäre ohne die entsprechend hohe Schwingungsintensität der Moleküle, in welche diese Wärmeenergie umgesetzt wird, der Stoff nicht gasförmig, sondern flüssig.

Zusammengefaßt lauten die Ergebnisse dieses Versuchs:

1. Verschiedene Stoffe haben unterschiedliche Siedetemperaturen. Über diesen Siedepunkt hinaus steigt die Temperatur nicht an.
2. Die verschiedenen Stoffe erfordern unterschiedlich große Wärmemengen, um einen bestimmten Temperaturanstieg zu erreichen.
3. Die Wärme fließt stets temperaturabwärts, vom höheren zum niedrigeren Potential. Oder: „Der Wärmefluß folgt immer einem Temperaturgefälle nach unten.“ So lautet der zweite Hauptsatz der Wärmelehre.

1.3 Die Temperatur

Die Temperatur ist ein Maß für die **Bewegungsenergie** der Moleküle, für deren Schwingungsintensität.

Als Einheit für die Temperatur dient der **Grad Celsius**; er ist der 100. Teil des Temperaturunterschiedes zwischen dem Gefrierpunkt und dem Siedepunkt des Wassers.

Für technische Berechnungen verwendet man die Einheit **Kelvin (Abkürzung K)**.

Wenn die Moleküle eines Stoffes keinerlei Bewegungsenergie aufweisen (also keine Wärme binden), so beträgt die Temperatur dieses Stoffes 0 K oder −273°C. Diesen Wert bezeichnet man als den **absoluten Nullpunkt**.

Beträgt die Temperatur am Gefrierpunkt des Wassers 0°C, so entspricht sie einem Wert von 273 K.

Das Verhältnis der beiden Einheiten zueinander lautet allgemein:
x°C = (273 + x) K

Temperaturdifferenzen werden mit der Einheit K versehen. Das Formelzeichen für die Temperatur (in Kelvin) ist T.

Es sei noch einmal festgehalten:

Die Temperatur ist ein Maß für die Bewegungsenergie der Moleküle; sie darf mit der Wärme selbst nicht verwechselt werden.

1.4 Die Wärmeenergie

Eine Wärmemenge, die 1 dm^3 Wasser um 0,86 K erwärmt, entspricht einer Wattstunde (Wh).

1 Wh entspricht 3600 Wattsekunden (Ws), weil 1 Stunde 3600 Sekunden enthält.

1 Ws nennt man auch 1 Joule (J).

Somit benötigt man für die Erwärmung von 1 dm^3 Wasser um 1 K

$$\frac{1\ \text{K}}{0{,}86\ \text{Wh}} = 1{,}16\ \text{Wh oder}$$

$$3600\ \text{s} \cdot 1{,}16\ \text{W} = 4180\ \text{J} = 4{,}18\ \text{kJ}$$

Um 1 dm^3 Wasser zu verdampfen, ist eine Wärmezufuhr von 627 Wh oder

$$627\ \text{Wh} \cdot 3600\ \text{s} = 2257\ \text{kJ}$$

erforderlich.

Soll dieser Vorgang innerhalb eines bestimmten Zeitraumes, z.B. innerhalb einer Stunde erfolgen, so wird diese Wärmemenge zu einer Wärmeleistung.

Gleichung 1:

$$\text{Wärmeleistung} = \frac{\text{Wärmemenge}}{\text{Zeit}} = \frac{Q}{\tau} = \dot{Q}$$

Die Wärmemenge ist eine Arbeit, die Leistung ist Arbeit in einer bestimmten Zeit.

Soll nun der gleiche Vorgang innerhalb einer halben Stunde erfolgen, so beträgt die erforderliche Leistung:

$$\dot{Q} = \frac{Q}{\tau} = \frac{627\ \text{Wh}}{0{,}5\ \text{h}} = 1254\ \text{W}$$

Die bei verschiedenen Stoffen unterschiedlich großen Mengen latenter Wärme, die für eine Änderung des Aggregatzustandes notwendig sind, werden in der Einheit Kilojoule je Kilogramm eines Stoffes gemessen.

Jedem Stoff ist eine bestimmte Wärmemenge zu eigen, die benötigt wird, um diesen um 1 K zu erwärmen (vergl. Pkt. 2 der Ergebnisse des Erwärmungsversuchs). Man bezeichnet diesen Sachverhalt als die **spez. Wärmekapazität** eines Stoffes. Sie trägt das Formelzeichen c, ihre Maßeinheit ergibt sich entsprechend der Definition als

$$\left[\frac{KJ}{KgK}\right]$$

Ein und derselbe Stoff besitzt bei verschiedenen Aggregatzuständen unterschiedliche Werte der spez. Wärmekapazität,

weil die Bewegungsenergie der Moleküle, die den jeweiligen Aggregatzustand bestimmt, für sich gesehen bereits eine bestimmte Wärmemenge bindet (vgl. hierzu die Erläuterungen der latenten Wärme unter 1.2).

1.5 Das Rechnen mit Wärmemengen

Dank der bisherigen Erklärungen können wir nun Erwärmungs- und Abkühlungsprozesse berechnen, d. h. Vorgänge, bei denen Wärme zu- oder abgeführt wird.

Mit Blick auf den zuvor geschilderten Erwärmungsversuch wird der Vorgang der Wärmezufuhr noch einmal in einem Diagramm übersichtlich dargestellt. Dieses Diagramm bringt die Beziehung zwischen Temperatur und zugeführter Wärmemenge in eine anschauliche Form, die auch die Änderungen des Aggregatzustandes berücksichtigt; darum sollte man es sich einprägen und bei allen Berechnungen vor Augen führen (Abbildung 3, Seite 8).

Für die Berechnung von Wärmemengen sind folgende Größen erarbeitet:

T_1 = Temperatur zu Beginn des Prozesses in K

T_2 = Temperatur am Ende des Prozesses in K

m = Masse des Stoffes in kg

s = Schmelz- oder Erstarrungswärme in kJ/kg

r = Verdampfungs- oder Verflüssigungswärme in kJ/kg

c = spezifische Wärmekapazität in kJ/kg K

Die Wärmemenge selbst erhält das Zeichen Q.

Für $(T_2 - T_1)$ schreibt man oft auch ΔT, wobei das Δ (Delta) auf eine Differenz hinweist.

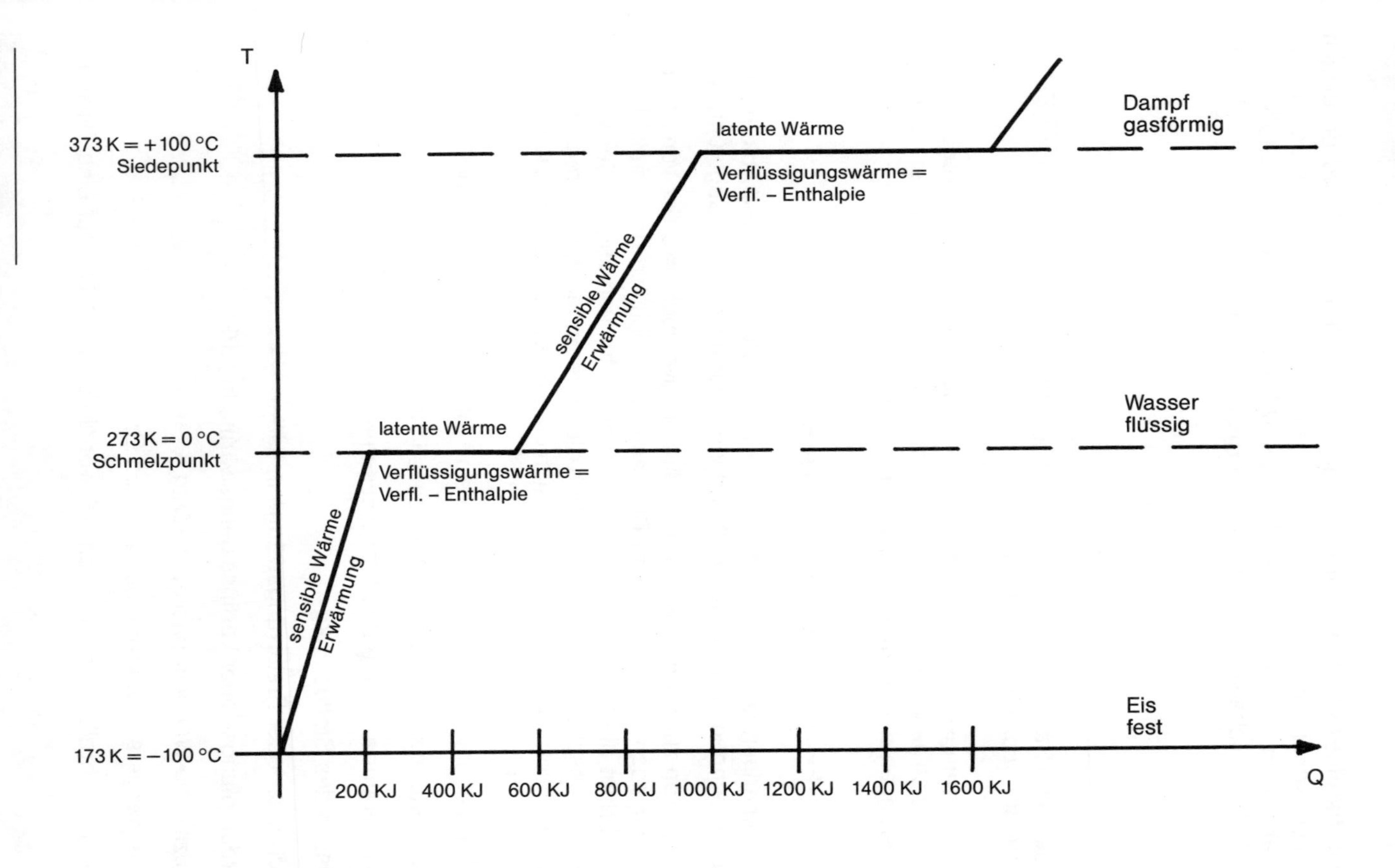

Abbildung 3: Erwärmungskurve von Wasser
Die Erwärmungskurve des Eises ist steiler, weil spezifische Wärme von Eis geringer ist. Alle Stoffe haben ein solches, für sie eigenes Diagramm.

Die zum **Schmelzen** benötigte Wärmemenge ist nun:

Gleichung 2:

$$Q_1 = m \cdot s$$

Die zur **Temperaturerhöhung** erforderliche Wärmemenge ist:

Gleichung 3:

$$Q_2 = m \cdot c \cdot \Delta T$$

Und die zum **Verdampfen** notwendige Wärmemenge ist:

Gleichung 4:

$$Q_3 = m \cdot r$$

Schließlich ist die für den ganzen Vorgang benötigte Wärmemenge:

Gleichung 5:

$$Q_{ges} = Q_1 + Q_2 + Q_3 =$$
$$m \cdot s + m \cdot c \cdot \Delta T + m \cdot r =$$
$$m (s + c \cdot \Delta T + r)$$

ΔT = Temperaturdifferenz $(T_2 - T_1)$
m = Masse [kg]
s = Schmelz/Erstarrungswärme [kJ/kg]
c = spez. Wärmekapazität $\left[\frac{kJ}{kg\,K}\right]$

Für c muß berücksichtigt werden, ob der Vorgang im Bereich der festen, flüssigen oder gasförmigen Phase stattfindet, weil je nach Phase unterschiedliche Werte für c gelten.

Allen Stoffen sind Werte für c, s und r zu eigen, ebenso für die Temperaturen des Siedepunktes und des Erstarrungspunktes.

Diese Werte können entsprechenden Tabellen entnommen werden (siehe Anhang).

Zur Wärmeleistung:

Q ist eine Wärmemenge – eine Wärmearbeit. Wird diese in einer vorgegebenen Zeit verrichtet, so ist eine Leistung vorhanden.

Leistung ist „Arbeit in einer Zeiteinheit".

Leistungen erhalten im Formelzeichen einen Punkt.

Wärmeleistung = $\dot{Q}$ in [kJ/h]

Wärmearbeit = Q in [kJ]

Geht es um einen Abkühlungsvorgang, so wird diese Wärmearbeit mit Q_0 bezeichnet. Der Index $_0$ weist auf die Abkühlung bzw. Kältearbeit oder Kälteleistung hin.

1.6 Die Mischungsregel

Gießt man Flüssigkeiten unterschiedlicher Menge und Temperatur in einen Behälter, so fragt sich, welche Temperatur das entstandene Gemisch haben mag.

Diese Temperatur läßt sich berechnen.

Um einen Stoff von T_1 nach T_2 abzukühlen oder zu erwärmen, bewegt man die Wärmemenge:

$$Q = m \cdot c \cdot (T_2 - T_1)$$

Stoffe, die miteinander in Berührung kommen, gleichen ihre Temperaturen einander an. Während des Temperaturausgleichs nimmt der eine, kältere Stoff einen Teil der Wärme des anderen auf, der wärmere Stoff gibt Wärme an den kälteren ab,

der gesamte Wärmeinhalt beider Stoffe ändert sich jedoch nicht.

Die vom wärmeren Stoff abgegebene Wärmemenge ist demnach gleich der vom kälteren Stoff aufgenommenen Wärmemenge. Die Mischungsregel lautet:

abgegebene Wärmemenge = aufgenommene Wärmemenge

Gießt man zwei Flüssigkeitsmengen mit m_1, T_1 und c_1 sowie m_2, T_2 und c_2 zusammen, so erhält man eine Mischung mit der Masse $(m_1 + m_2)$ sowie T_M und c_M.

Der Index M weist darauf hin, daß es sich um einen Zustand der Mischung handelt.

T_1 ist kälter als T_2, T_M liegt zwischen T_1 und T_2.

Abbildung 4: Mischungsregel

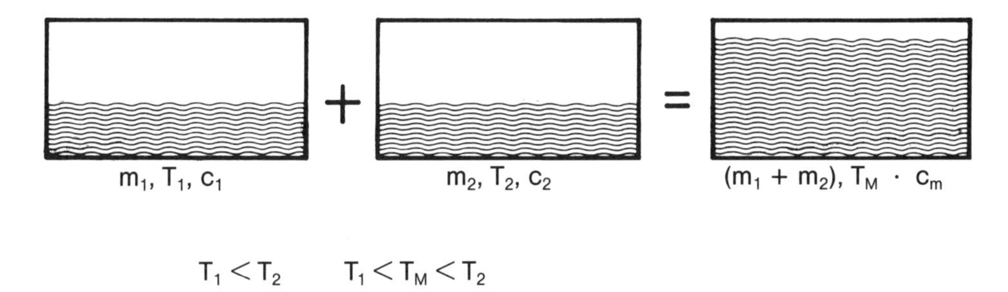

$T_1 < T_2 \qquad T_1 < T_M < T_2$

Nach der Mischungsregel nimmt die Flüssigkeit m_1 auf:

Gleichung 6:

$$Q_1 = m_1 (T_n - T_1) \cdot c_1$$

Flüssigkeit m_2 gibt ab:

Gleichung 7:

$$Q_2 = m_2 (T_2 - T_n) \cdot c_2$$

Es ergibt sich ein Gemisch mit:

Gleichung 8:

$$(m_1 + m_2) \cdot T_n \cdot c_m$$

Mit der Mischungsregel

Gleichung 9:

$$\boxed{Q_1 = Q_2}$$

läßt sich gleichsetzen

Gleichung 10:

$$m_1 (T_n - T_1) c_1 = m_2 (T_2 - T_n) c_2$$

Gleichung 11:

$$c_1 \cdot m_1 \cdot T_n - c_1 \cdot m_1 \cdot T_1 =$$
$$c_2 \cdot m_2 \cdot T_2 - c_2 \cdot m_2 \cdot T_n$$

Gleichung 12:

$$c_1 \cdot m_1 \cdot T_n + c_2 \cdot m_2 \cdot T_n =$$
$$c_2 \cdot m_2 \cdot T_2 + c_1 \cdot m_1 \cdot T_1$$

Gleichung 13:

$$T_n (c_1 \cdot m_1 + c_2 \cdot m_2) = m_2 \cdot c_2 \cdot T_2 + m_1 \cdot c_1 \cdot T_1$$

Gleichung 14:

$$T_n = \frac{m_2 \cdot c_2 \cdot T_2 + m_1 \cdot c_1 \cdot T_1}{c_1 \cdot m_1 + c_2 \cdot m_2}$$

Wenn die Flüssigkeiten gleich sind, ist $c_1 = c_2$

Gleichung 15:

$$T_n = \frac{(m_2 \cdot T_2 + m_1 \cdot T_1)}{(m_1 + m_2)}$$

Gleichung 16:

$$T_n = \frac{m_2 \cdot T_2 + m_1 \cdot T_1}{m_1 + m_2}$$

1.7 Die gewollte Abkühlung – das Grundprinzip der Kälteerzeugung

Eine Abkühlung findet statt, wenn einem Stoff Wärme entzogen wird.

„Kälte“ ist mithin nichts anderes als „nicht vorhandene Wärme“.

Der sprachliche Begriff „Kälte“ bezeichnet den physikalischen Zustand geringer Wärme, d. h. einer geringen Bewegungsenergie der Moleküle eines Stoffes.

Physikalisch gesehen kann einem Stoff keine Kälte zugeführt, allenfalls Wärme entzogen werden.

Eine Kühlanlage ist eine Maschine, die einem Stoff Wärme entzieht.

Kälteleistung ist die Fähigkeit, in einer bestimmten Zeit eine bestimmte Wärmemenge abzuführen.

Wie wir gesehen haben, fließt die Wärme stets temperaturabwärts, vom höheren zum niedrigeren Potential.

Stellt man ein Stück Eis in einen warmen Raum, so nimmt es die Wärme der Raumluft auf, wodurch die Raumtemperatur sinkt. Durch die aufgenommene Wärme beginnt das Eis zu schmelzen, ohne jedoch seine Temperatur zu ändern (latente Wärme). Damit bleibt das Temperaturgefälle groß genug, um den Wärmefluß nicht zu unterbrechen und die Abkühlung so lange fortzuführen, bis das Eis restlos geschmolzen ist (Abbildung 5).

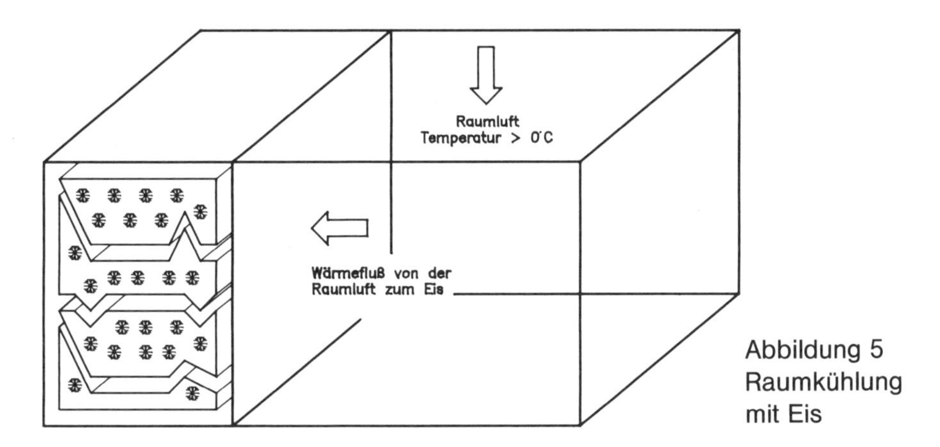

Abbildung 5
Raumkühlung
mit Eis

Auf diesem Wege kann man einen Raum kühlen; Eiskühlräume, in denen im Winter Eis eingelagert wurde, um es im Sommer abzuschmelzen, hat es früher tatsächlich gegeben. Wir suchen jedoch nach einer eleganteren Lösung, um **Wärme zu binden** und damit „Kälte zu erzeugen".

Dazu wird die im Abschnitt 1.2 geschilderte Versuchsanordnung nun verändert:

Auf eine heiße Kochplatte, deren Temperatur deutlich höher als 100°C ist, wird ein mit Wasser gefülltes Gefäß gestellt. Was geschieht nun, wenn man die Kochplatte abschaltet?

Das Wasser kühlt die Kochplatte ab, indem es deren Wärme aufnimmt; diese Wärme hält ihrerseits das Wasser am Siedepunkt. Die Abkühlung der Kochplatte schreitet so lange fort, bis Wasser und Kochplatte die gleiche Temperatur haben, nämlich 100°C; bei dieser Temperatur ist der Wärmefluß gestoppt.

Wird anstelle des Wassers ein Gefäß mit Alkohol auf die Kochplatte gestellt, siedet der Alkohol bei einer Temperatur von 78°C. Der Wärmefluß, und mit ihm die Abkühlung der Kochplatte, kommt bei einer Temperatur von 78°C zum Stillstand.

Mit Hilfe des Stoffes R 11 kann die Kochplatte immerhin auf 23°C abgekühlt werden. Für die Zwecke der Kältetechnik sind jedoch wesentlich tiefere Temperaturen erforderlich; es werden also Stoffe benötigt, deren Siedepunkt noch liefer liegen. Diese Stoffe bezeichnet man als **Kältemittel**.

Stoffe, die so niedrige Siedepunkte haben, daß sie bei Temperaturen um 20°C und unter normalem, atmosphärischem Druck sofort verdampfen, bezeichnet man als Gase.

Als Kältemittel verwendet man daher bestimmte Gase, die sehr niedrige Siedepunkte besitzen – entsprechend ihrer stofflichen Zusammensetzung mit Werten zwischen 153 und 276 K.

Die jeweilige Masse eines Kältemittels, die verdampfen muß, um eine bestimmte Wärmemenge zu binden, trägt das Formelzeichen m_k [kg].

1.8 Aufgaben

(Lösungen siehe Seite 146–151)

1. 3 kg Eis mit einer Temperatur von 273 K sollen aufgetaut werden, so daß Wasser mit einer Temperatur von 288 K vorhanden ist.
   Welche Wärmemenge muß zugeführt werden?
   Geben Sie die Wärmemenge in kWh und Joule an!

2. 5 kg Wasser sollen verdampft werden. Anfangstemperatur 306 K. Welche Wärmemenge muß zugeführt werden?

3. 3 kg Alkohol sind von 335 K auf 292 K abzukühlen.
   Wieviel Wärme muß die Kältemaschine abführen?
   Welche stündliche Leistung muß die Maschine haben, wenn die Abkühlung in 20 Minuten erfolgen soll?

4. Um die Luftfeuchtigkeit in einem Raum zu erhöhen, sollen 5 kg Dampf zugeführt werden. Wie hoch ist die Leistung der Heizung im Luftbefeuchter anzusetzen, wenn der Vorgang in einer halben Stunde durchgeführt wird und die Temperatur des zugeführten Wassers 288 K beträgt?

5. 50 kg Fleisch werden mit einer Temperatur von 283 K im Gefrierraum eingebracht und sollen innerhalb von 12 Stunden auf 253 K im Kern eingefroren werden. Welche Wärmemenge muß abgeführt werden und welche Leistung ergibt sich pro Stunde?
   Notwendige Rechenwerte entnehmen Sie bitte den Tabellen.
6. Einen Raum sollen 13 000 kJ Wärme entzogen werden.
   Wieviel R 22 muß dazu bei 263 K verdampfen (konstakte Drücke und Verdampfung vorausgesetzt)?
7. Einen Raum sollen 4260 kJ Wärme entzogen werden.
   Wieviel R 22 muß dazu bei 243 K verdampfen?
8. Wir gießen 2,5 Liter Wasser mit 280 K Temperatur und 4 Liter Wasser mit 353 K Temperatur zusammen.
   Wie hoch ist die Endtemperatur?
9. Wir gießen 1,3 Liter Alkohol mit einer Temperatur von 323 K mit 2,2 Liter Wasser Temperatur 295 K zusammen. Dichte = 0,79 kg/dm^3.
   Wie hoch ist die Endtemperatur?
10. Wir geben in 10 Liter Wasser mit einer Temperatur von 303 K 0,5 kg Eis mit 263 K.
    Bis zu welcher Temperatur wird das Eis das Wasser abkühlen?

1.9 Der Druck

Wird einer Flüssigkeit, die in einem Behälter eingeschlossen ist, Wärme zugeführt, so geraten ihre Moleküle mehr und mehr in Bewegung. Da eine Ausdehnung nicht möglich ist, prallen sie gegen die Wände des Gefäßes, auf die sie eine wachsende Kraft ausüben: es entsteht Druck.

Wird eine Flüssigkeit in einen Behälter gefüllt, so drückt sie um so stärker auf dessen Bodenfläche, je höher der Flüssigkeitsstand steigt. Auf die Bodenfläche des Behälters entsteht ein wachsender Druck.

Der Druck ist die Wirkung einer Kraft auf eine Flächeneinheit.

Die Kraft wird in Newton [N] gemessen, ihre Einheit ist [kgm/s²]. Eine Kraft geht von einer in Bewegung gesetzten, beschleunigten Masse aus.

So gilt für die Kraft:

Gleichung 17:

$$F = m \cdot a \qquad \left[kg \, \frac{m}{s} = N \right]$$

F = Kraft
m = Masse [kg]
a = Beschleunigung $\left[\frac{m}{s^2}\right]$

mit Beschleunigung in [m/s²] und Masse m in [kg].

Da die Kraft nun beim Druck auf eine Fläche A wirkt, die in m² gemessen wird, so ergibt sich für den Druck:

Gleichung 18:

$$p = \frac{F}{A} \qquad \left[\frac{N}{m^2} \right]$$

p = Druck
F = Kraft [N]
A = Fläche [m²]

1 N/m² trägt die Bezeichnung 1 Pascall, 1000 N/m² entsprechen 1 Kilopascall = 1 kpa. Diese Einheit heißt auch 1 bar. Sie ist die gebräuchliche Größe für Messungen

an Kühlanlagen. Bei 0 kpa herrscht absolutes Vakuum, 1 kpa oder 1 bar entsprechen in etwa dem normalen Luftdruck (atmosphärischer Druck).

1.10 Dichte, Volumen, Masse

Die Dichte eines Stoffes ist das Verhältnis seiner Masse zu seinem Volumen.

Sie trägt das Formelzeichen rho; es gilt:

Gleichung 19:

$$\rho = \frac{m}{V} \qquad \left[\frac{kg}{m^3}\right]$$

ρ = Dichte
m = Masse [kg]
V = Volumen [m^3]

Die Dichte wird auch als spezifisches Gewicht bezeichnet.

Das Wort „spezifisch" hat hier die Bedeutung von „arteigen", „der Eigenart des Stoffes entsprechend".

Auch ein spezifisches Volumen ist definierbar, und zwar als Kehrwert der Dichte:

Gleichung 20:

$$v = \frac{1}{\rho} = \frac{V}{m} \qquad \left[\frac{m^3}{kg}\right]$$

ρ = Dichte $\left[\frac{kg}{m^3}\right]$
m = Masse [kg]
v = spez. Volumen $\left[\frac{m^3}{kg}\right]$
V = Volumen [m^3]

Das spezifische Volumen zeigt an, wieviel Raum eine Masse von 1 kg eines Stoffes einnimmt. Die Dichte zeigt an, welche Masse ein Volumen von 1 m^3 eines Stoffes besitzt.

1.11 Die allgemeinen Gasgesetze

Stoffe, die bei atmosphärischem Druck und Temperaturen um 20°C noch gasförmig sind, werden als Gase bezeichnet.

Je höher der Siedepunkt eines Gases liegt, um so ähnlicher ist es den flüssigen Stoffen, denn die Bindungskräfte seiner Moleküle, die Kohäsionskräfte, sind stärker als diejenigen, die tiefer siedenden Gasen zu eigen sind.

Stoffe, die aufgrund ihrer extrem schwachen Kohäsionskräfte entsprechend niedrige Siedepunkte haben, sind beispielsweise Edelgase wie Argon (Siedepunkt −185,9°C) oder Neon (Siedepunkt −246°C). Solche Stoffe kommen dem physikalischen Modell der sogenannten **idealen Gase** am nächsten: trotz unterschiedlicher atomarer Struktur verhalten sie sich nahezu gleich, unterliegen mithin gleichen physikalischen Gesetzen – den **allgemeinen Gesetzen idealer Gase**.

Im Gegensatz zu den idealen Gasen sind die **realen Gase** kondensierbar, sie besitzen einen **Schmelzpunkt**. Je weiter sich ein reales Gas seinem Schmelzpunkt nähert, um so mehr weicht sein Verhalten von dem der idealen Gase ab.

Viele reale Gase, darunter auch die in der Kältetechnik benutzten, verhalten sich in den meisten Zuständen jedoch recht weitgehend wie ideale. Daher liefern die allgemeinen Gesetze idealer Gase hier zunächst Ergebnisse ausreichender Genauigkeit.

Der Zustand eines Gases wird hauptsächlich bestimmt durch

- den Druck,
- die Temperatur,
- das Volumen,
- den Wärmeinhalt (die Enthalpie).

Diese Größen stehen untereinander in einem definierten Zusammenhang; wird eine von ihnen verändert, ändern sich zwangsläufig auch die übrigen.

Um bei konstantem Druck den Wärmeinhalt verändern zu können, wird Gas in einem geschlossenen Behälter erwärmt. Ähnlich dem Zylinder eines Otto-Motors, besitzt dieser Behälter an einer Seite einen beweglichen Kolben. Während der Erwärmung verschiebt sich der Kolben nach außen, was darauf hindeutet, daß das Volumen des eingeschlossenen Gases zunimmt. Demnach bewirkt eine Erhöhung der Temperatur eine Vergrößerung des Volumens, oder:

das Volumen ist der Temperatur proportional.

So gilt:

Gleichung 21a:

$$\frac{T_1}{T_2} = \frac{V_1}{V_2} \qquad p = \text{constant}$$

Die Indizes 1 und 2 bezeichnen den Beginn bzw. das Ende des Prozesses.

Man nennt diese Zustandsänderung **isobar**.

Steigt die Temperatur, so nimmt das Volumen zu.

Vollzieht sich die Erwärmung des Gases hingegen in einem geschlossenen Behälter, der keine Volumenvergrößerung zuläßt, wird zwangsläufig der Druck zunehmen. Für diese Erwärmung bei konstantem Volumen gilt:

Gleichung 21b:

$$\frac{T_1}{T_2} = \frac{V_1}{V_2} \qquad V = \text{constant}$$

Man nennt diese Zustandsänderung **isochor**.

Steigt die Temperatur, so nimmt der Druck zu.

Schließlich kann der Wärmeinhalt bei konstanter Temperatur verändert werden. Dieser paradox erscheinende Vorgang ist realisierbar, wenn das Gas so behutsam erwärmt wird, daß allein Druck und Volumen die zugeführte Energie verarbeiten können. Druck und Volumen verhalten sich hier umgekehrt proportional:

Gleichung 21c:

$$\frac{V_1}{V_2} = \frac{p_2}{p_1} \qquad T = \text{constant}$$

Man nennt diese Zustandsänderung **isotherm**.

Wächst das Volumen, so nimmt der Druck ab.

Diese drei Zustandsänderungen lassen sich einem Diagramm darstellen, wobei auf der senkrechten Achse der Druck aufgetragen ist, auf der waagerechten das Volumen. In diesem **p,V- Diagramm** stellen Flächen eine Arbeitsleistung dar, denn das Produkt von Druck und Volumen ergibt eine äußere Arbeit:

Gleichung 22:

$$\frac{N}{m^2} \cdot m^3 = Nm$$

Hierbei ist N/m eine Arbeitseinheit, die besagt, daß eine Kraft N über eine Strecke m bewegt wird. Das p,V-Diagramm zeigt, daß bei der isobaren und der isothermen Zustandsänderung eine äußere Arbeit geleistet wird (die Verschiebung des Kolbens) (Abbildung 6).

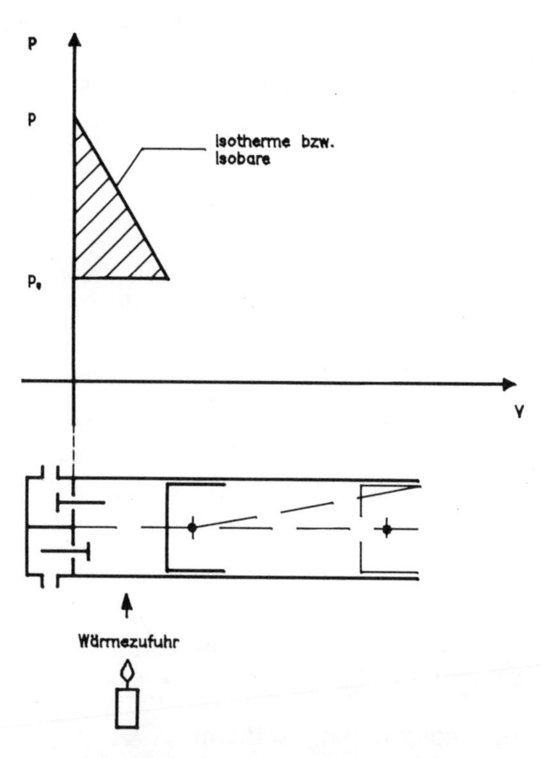

Mit Hilfe einer kleinen mathematischen Operation lassen sich die drei Gasgesetze schrittweise zusammenfassen. Dabei bezeichnen die Indizes:

1 = Zustand zu Beginn des Prozesses
′ = Zustand zwischen den Prozeß-Schritten
2 = Zustand am Ende des Prozesses

Die erste Änderung geschieht bei konstantem Druck:

Gleichung 23:

$$\frac{T_1}{V_1} = \frac{T_2}{V'} \implies V' = \frac{T_2}{T_1} \cdot V_1$$

Im zweiten Schritt bleibt die Temperatur konstant. Hier ändert sich auch das Volumen V', und zwar von V' nach V_2.

Gleichung 24:

$$\frac{V'}{V_2} = \frac{p_2}{p_1} \implies V' = V_2 \frac{p_2}{p_1}$$

Dies wird gleichgesetzt bezogen auf V' und es folgt:

Gleichung 26:

$$\frac{T_2}{T_1} \cdot V_1 = \frac{p_2}{p_1} \cdot V_2$$

Größen gleicher Indizes auf einer Seite:

Gleichung 27:

$$\frac{p_1 \cdot V_1}{T_1} = \frac{p_2 \cdot V_2}{T_2} = R$$

p = Druck $\left[\frac{N}{m^2}\right]$

V = Volumen $[m^3]$

T = Temperatur [K]

R = Gaskonstante

An jedem Zustandspunkt hat ein Gas den gleichen konstanten Wert R. R ist die **Gaskonstante**, ein jeder Gasart eigener, fester Wert.

Beispielaufgabe:

68 m^3 Sauerstoff mit einer Temperatur von 80°C werden auf 20°C abgekühlt.

a) Auf welchen Wert reduziert sich das Volumen?

Zu a):

$$\frac{p_1 \cdot V_1}{T_1} = \frac{p_2 \cdot V_2}{T_2}$$

Der Druck bleibt konstant $p_1 = p_2$

$$\frac{V_1}{T_1} = \frac{V_2}{T_2}$$

$$V_2 = V_1 \cdot \frac{T_2}{T_1}$$

Die Temperatur ist bei derartigen Aufgaben stets in Kelvin einzusetzen:

$$V_2 = 17\ m^3 \frac{K}{K} \qquad 68\ m^2 \cdot \frac{293\ K}{353\ K} = 56{,}4\ m^3$$

Das Gasvolumen reduziert sich auf 56,4 m^3.

1.12 Die Enthalpie

„Enthalpie“ bedeutet Wärmeinhalt.

Am absoluten Nullpunkt, bei 0 K, ist der Wärmeinhalt eines Stoffes gleich Null.

Wird einem Stoff Wärme zugeführt, nimmt sein Wärmeinhalt, die Enthalpie, zu. So ist die Enthalpie eines gasförmigen Stoffes größer als die des gleichen Stoffes in flüssigem Zustand, die Enthalpie des flüssigen wiederum größer als die des erstarrten Stoffes.

Die

Enthalpie berücksichtigt sowohl die latente als auch die sensiblen Wärmemengen;

sie trägt das Formelzeichen H, ihre Einheit ist [kJ].

Bezieht man die Enthalpie auf eine Masse von 1 kg, so ist der Wert spezifisch; er erhält den Kleinbuchstaben h und die Einheit [kJ/kg].

So ist:

Gleichung 28:

$$h = \frac{H}{m} \qquad \left[\frac{kJ}{Kg}\right]$$

Um zu ermitteln, wie groß die Wärmemenge ist, die zwischen zwei Zuständen eines Prozesses zu- oder abgeführt wurde, gilt:

Gleichung 29:

$$Q = m\,(h_2 - h_1) \qquad [kJ]$$

m = Masse [kg]

h_2 = spez. Enthalpie zum Ende der Abkühlung $\left[\frac{kJ}{kg}\right]$

h_1 = spez. Enthalpie zum Beginn der Abkühlung $\left[\frac{kJ}{kg}\right]$

Die Werte für h_1 und h_2 findet man in entsprechenden Tabellen (siehe Anhang).

Viele Berechnungen vereinfachen sich dank der Enthalpie, denn sie berücksichtigt ja sämtliche Schritte eines Erwärmungs- oder Abkühlungsprozesses, die sonst jeder für sich berechnet werden müßten.

Beispielaufgabe:

200 kg Butter haben eine Temperatur von +20°C und sollen auf −18°C abgekühlt werden. Wieviel Wärme ist abzuführen?

Wert für h_1 im Zustand +20°C = $171{,}7\ \frac{kJ}{kg}$

für h_2 im Zustand −18°C = $4{,}2\ \frac{kJ}{kg}$

$$Q_0 = m\,(h_2 - h_1) =$$

$$200\ kg\ (171{,}7 - 4{,}2)\ \frac{kJ}{kg} =$$

$$33\,500\ kJ$$

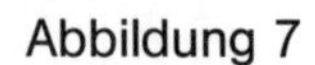
Abbildung 7

a) absoluter Nullpunkt 0 K

Stoff mit der Masse m = 1 kg, hat bei absolutem Nullpunkt keine Wärme. Seine Enthalpie ist Null.

b) 273 K

Der gleiche Stoff m = 1 kg, hat z.B. bei 273 K einen bestimmten Wärmeinhalt h_1. Seine Enthalpie ist h_1.

c) 263 K

Der gleiche Stoff m = 1 kg, hat bei 263 K einen Wärmeinhalt h_2. Seine Enthalpie ist h_2 und kleiner als h_1.

Will man diese Masse von 1 kg, von 273 K auf 263 K abkühlen, so muß die Wärmemenge $h_2 - h_1$ entzogen werden.

Die Enthalpie ist also so etwas wie ein Wärmeniveau. Sie gibt den absoluten Wärmeinhalt des Stoffes an.

1 kg Wasser mit 373 K hat die Enthalpie h_1.

1 kg Dampf mit 373 K hat die Enthalpie h_2.

Es ist der Unterschied des Wärmeinhaltes $= h_2 - h_1 = 625$ Wh = 2 256 kJ. Alle Vorgänge der Erwärmung/Abkühlung sind in der Enthalpie berücksichtigt.

1.13 Die Erwärmung im geschlossenen Behälter

Geschieht die Erwärmung einer Flüssigkeit in einem geschlossenen Behälter, der keine Volumenvergrößerung gestattet, so steigt mit der Temperatur zwangsläufig auch der Druck. Bei der Verdampfung der eingeschlossenen Flüssigkeit sind vier verschiedene Phasen zu beobachten, die hier besonderer Beachtung bedürfen, denn Kühlanlagen sind ebenfalls geschlossene Systeme, in denen flüssigen Kältemitteln Wärme zugeführt wird.

Die vier Phasen im einzelnen:

1. Die Flüssigkeit erwärmt sich, Temperatur und Druck steigen.
2. Die Flüssigkeit siedet, der Druck nimmt weiter zu. Im Raum über der Flüssigkeit bildet sich Gas. Noch befindet sich dieses Gas in der Nähe des Verflüssigungspunktes und ist mit Flüssigkeit (in Form von Nebeltropfen) vermischt. Es wird daher als **Naßdampf** bezeichnet.
3. Der Druck nimmt weiterhin zu, die Flüssigkeit ist restlos verdampft. Eine geringfügige Temperatursenkung würde den Dampf wieder verflüssigen. Den gasförmigen Zustand dieser Phase bezeichnet man als **Sattdampf**.
4. Fortschreitende Erwärmung führt zu weiterer Druckerhöhung und zu einer Überhitzung des Sattdampfes, der damit zum **Heißdampf** wird (Abbildung 8).

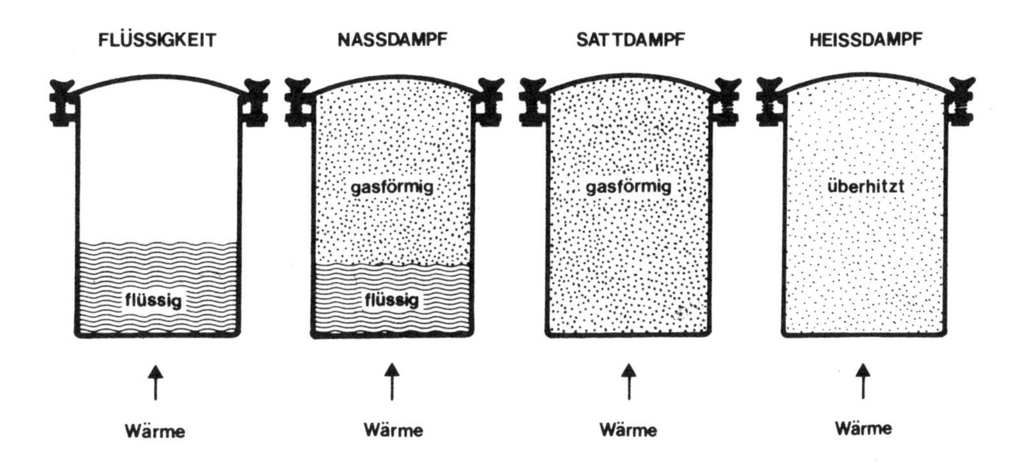

1.14 Die Hauptsätze der Thermodynamik

Die Wärmelehre wird als Teil der Physik Thermodynamik genannt. Alle die vorhergehenden Betrachtungen gehören in den Bereich der Thermodynamik.

Die Thermodynamik kennt zwei wichtige Sätze, deren Inhalt sich aus dem vorhergehenden ergeben hat. Es gibt für diese beiden Sätze sehr komplizierte Formulierungen, sie lassen sich aber auf ganz einfachen Sachverhalt zurückführen.

1.14.1 1. Hauptsatz

Die Wärmezufuhr zu einem Gas bewirkt eine Volumenausdehnung. Damit kann ein Kolben bewegt werden, der seinerseits einer Welle einen Antrieb verleiht. Die Wärme wurde damit in mechanische Arbeit umgewandelt. Energie kann nicht verloren, sondern sich lediglich in verschiedene Erscheinungsformen umwandeln.

1. Hauptsatz der Wärmelehre:

Wärme und Arbeit sind gleichwertig

Somit lassen sich die Größe der Arbeit und der Wärme in Beziehung setzen und umrechnen, wie sich das aus den vorhergehenden Betrachtungen immer wieder ergeben hat. Wir hatten von Wärmearbeit gesprochen. Es gilt

1 Nm = 1 Ws

1.14.2 Der zweite Hauptsatz der Thermodynamik

Es ist einfach eine Erfahrungstatsache, daß ein warmes Medium die Wärme an ein kälteres abgibt.

(Die Wärme fließt immer nur von „warm“ nach „kalt“.)

Daraus wird der zweite Hauptsatz der Thermodynamik formuliert:

Ein Wärmefluß kommt immer nur von einem höheren zu einem niederen Temperaturpotential zustande.

Diese banal erscheinende Feststellung hat enorme Formen. Das Entziehen von Wärme aus Stoffen (z.B. Kaltraum), deren Temperatur niedriger liegt als die der Umgebung, erfordert, daß die Wärme mittels einer „Wärmepumpe“ (Kältemaschine) erst auf ein höheres Temperaturniveau „gepumpt“ wird, damit sie an die Umgebung abfließen kann und das beispielhafte Wasser kalt wird (seine Temperatur sinkt).

Man bezeichnet solche Anlagen bzw. das Verfahren gern als aktive Kühlung. Um die Wärme abzuführen, ist ein Verdichter und Aufwand von äußerer Energie, nämlich sein Antrieb notwendig.

Passive Kühlung liegt vor, wenn das Temperaturpotential des zu kühlenden Körpers höher ist als das der Umgebung und somit die Wärme von sich aus in die Umgebung abfließt. Dieses Beispiel hat enorme Konsequenzen, etwa bei der freien Kühlung (siehe Kapitel 5.4.6).

1.15 Aufgaben

(Lösungen siehe Seite 152/153)

1. Welches Volumen nehmen 30 Liter Luft ein, wenn sie von 298 K auf 363 K erwärmt werden? p = konstant.
2. Wieviel m^3 Luft strömen aus einem Raum aus, der 10 000 m^3 groß ist, dessen Temperatur sich von 283 K auf 298 K erwärmt?
3. Auf welchen Überdruck steigt der Druck einer Sauerstoffflasche, wenn sie sich auf 323 K erwärmt und bei 283 K 151 bar aufweist?
4. In einem Klimaraum wird 500 m^3 Luft von 308 K und 1010 mbar verlangt. Wieviel Luft von 273 K und 944 mbar muß angesaugt werden?
5. 200 kg Schweinefleisch soll von einer Temperatur von + 20° C auf eine Temperatur von 0° C abgekühlt werden. Berechnen Sie die Wärmemenge, die zu entziehen ist. c = 3kJ/kgK.
   a) mit der spezifischen Wärmekapazität
   b) über die Enthalpie.
6. Berechnen Sie die gleiche Aufgabe mit einer Abkühlung von + 20° C auf − 18° C. Vergleiche!

2. Der Kältekreislauf

2.1 Die Verdampfung des Kältemittels: Wärmeaufnahme

Beim Verdampfen einer Flüssigkeit wird Wärme gebunden bzw. „Kälte erzeugt".

Die Flüssigkeit, die im Verdampfer einer Kühlanlage verdampft, ist das **Kältemittel**. Es siedet bei einer Temperatur, die als **Verdampfungstemperatur T_o** bezeichnet wird; der Formelzeichen-Index $_o$ ist ein Hinweis auf die Verdampferseite der Kälteanlage.

Der Wert dieser Verdampfungstemperatur ist abhängig vom **Verdampfungsdruck p_o**. Beide Werte sind aneinander gebunden; zu einer bestimmten Verdampfungstemperatur gehört stets ein bestimmter Verdampfungsdruck.

Maßgeblich für die Höhe des Verdampfungsdrucks ist die Größe der Wärmemenge, die im Verdampfer auf das Kältemittel einwirkt.

Eine bestimmte Masse Kältemittel kann eine bestimmte Wärmemenge binden. Dabei findet eine Enthalpie-Erhöhung von H_1 nach H_2 statt. Die aufgenommene Wärmemenge entspricht damit einer „Kältearbeit":

Gleichung 30:

$$Q_0 = H_2 - H_1$$

Bezieht man die Enthalpie auf 1 kg Kältemittel, so ergibt sich:

Gleichung 31:

$$Q_0 = m_k \cdot h_2 - m_k \cdot h_1 = m_k(h_2 - h_1)$$

Hierbei ist m_k die Masse des Kältemittels in Kilogramm.

Möchte man eine bestimmte Kälteleistung erreichen, so gilt

Gleichung 32:

$$\dot{Q}_0 = \dot{m}_k(h_2 - h_1)$$

Nun bezeichnet $\dot{m}_k$ den Massenstrom des Kältemittels in kg/h.

Der Kältemittel-Massenstrom gibt an, wieviel Kältemittel im Laufe einer Stunde durch die Kälteanlage strömen und verdampfen muß, um eine bestimmte Kälteleistung von x kJ/h zu erreichen.

Ist das spezifische Volumen des Kältemittels oder seine Dichte bekannt, so läßt sich nun errechnen, welches Volumen V_o das verdampfte Kältemittel einnimmt (gemessen in m^3) bzw. wie groß sein Volumenstrom $\dot{V}_o$ ist (Maßeinheit m^3/h).

Diesem Volumenstrom muß die Ansaugleistung eines Kälteverdichters entsprechen.

So gilt:

Gleichung 33:

$$\dot{Q}_0 = \frac{\dot{V}_0}{v} \cdot (h_2 - h_1) \quad \left[\frac{kJ}{h}\right]$$

$\dot{V}_0$ = Hubvolumenstrom des Verdichters $\left[\frac{m^3}{h}\right]$

v = spez. Volumen $\left[\frac{m^3}{kg}\right]$

h_2 = spez. Enthalpie nach Verdampfung $\left[\frac{kJ}{kg}\right]$

h_1 = spez. Enthalpie vor Verdampfung $\left[\frac{kJ}{kg}\right]$

Die Werte für h, v und p_o findet man in den Dampf-Tabellen des jeweiligen Kältemittels.

2.2 Die Verflüssigung des Kältemittels

Der vorangehende Abschnitt hat gezeigt, wie durch die Wärmebindung, die mit der Verdampfung des Kältemittels einhergeht, „Kälte erzeugt" werden kann.

Das verdampfte Kältemittel nun an die Umgebungsluft abzugeben, wäre wegen der damit verbundenen Kosten und der Umweltbelastung nicht vertretbar. Deswegen ist es so aufzubereiten, daß es für eine erneute Wärmeaufnahme zur Verfügung steht: es muß wieder verflüssigt werden.

Zu Beginn des Verdampfungsprozesses ist das Kältemittel flüssig, es steht unter einem bestimmten Druck und siedet bei der zugehörigen Verdampfungstemperatur; es liegt eine Phase des **Naßdampfes** vor. Bei beendeter Verdampfung ist das Kältemittel gasförmig; es handelt sich um eine Phase des **gesättigten**, ggf. auch geringfügig **überhitzten** Dampfes.

Um das Kältemittel wieder in den Ausgangszustand zu bringen, läßt man es in einen

Zylinder einströmen, wo es von einem Kolben zusammengepreßt wird. Seine Moleküle werden dabei „zusammengeschoben“, es wird **verdichtet**.

Die Verdichtung bewirkt, daß die Moleküle eine größere Kraft auf die Zylinderwandung ausüben und in heftige Schwingungen geraten, Druck und Temperatur des Kältemittels somit steigen. Dabei erreicht die Temperatur des Kältemittels einen höheren Wert als die Umgebungstemperatur.

Mit dieser hohen Temperatur strömt das Kältemittel in einen Wärmeaustauscher, den **Kondensator**, wo es die Wärme an einen kälteren Stoff (Umgebungsluft oder Flüssigkeit) abgibt. Aufgrund dieser Wärmeabgabe verflüssigt es sich wieder, es kondensiert, und steht nun für eine erneute Wärmeaufnahme zur Verfügung.

Das wieder verflüssigte Kältemittel steht unter hohem Druck, weswegen sein Siedepunkt so hoch liegt, daß keine Verdampfung stattfindet.

Die Kondensation vollzieht sich bei der Kondensationstemperatur
T und dem dazugehörigen Kondensationsdruck p.

(Kondensatorseitig tragen die Formelzeichen keinen Index.)

Im Kondensator wird diejenige Wärmemenge abgeführt, die der Kälteleistung Q_0 entspricht.

Um in einem stabil flüssigen Zustand durch die Leitungen einer Kühlanlage geführt werden zu können, wird das Kältemittel allerdings noch ein wenig stärker abgekühlt. Dabei erreicht es einen Zustand der **Unterkühlung**, was bedeutet, daß Sättigungsdruck herrscht, die Temperatur jedoch trotzdem niedriger ist als die Verflüssigungstemperatur.

Die Unterkühlung ist ferner sinnvoll, weil im Verdampfer jedes Flüssigkeitsteilchen zunächst auf die Verdampfungstemperatur abgekühlt werden muß, um alsdann verdampfen zu können. Die hierzu benötigte Wärmemenge geht der Verdampferleistung verloren; je mehr Flüssigkeit unterkühlt ist, um so weniger Leistung braucht der Verdampfer für diesen Vorgang aufzubringen. (Abbildung 8)

2.3 Der Verdichtungsvorgang

Um die Verflüssigung des Kältemittels zu erläutern, wurde der Vorgang der Verdichtung bereits kurz angesprochen.

Die Verdichtung ist notwendig, um das gasförmige Kältemittel auf eine Temperatur zu bringen, die höher ist als die desjenigen Stoffes (Umgebungsluft oder Wasser), an den das Kältemittel die Wärme im Kondensator abgeben soll. Es sei hier an den zweiten Hauptsatz der Wärmelehre erinnert; ein Wärmefluß kommt nur zustande, wenn die Temperaturen zweier Stoffe unterschiedlich hoch sind.

Der Verdichter saugt eine bestimmte Menge gasförmigen Kältemittels an, die durch den Vorschub des Kolbens verdichtet wird. Das Gas wird damit in einen anderen Zustand gebracht, sein Druck und seine Temperatur steigen (Abbildung 9).

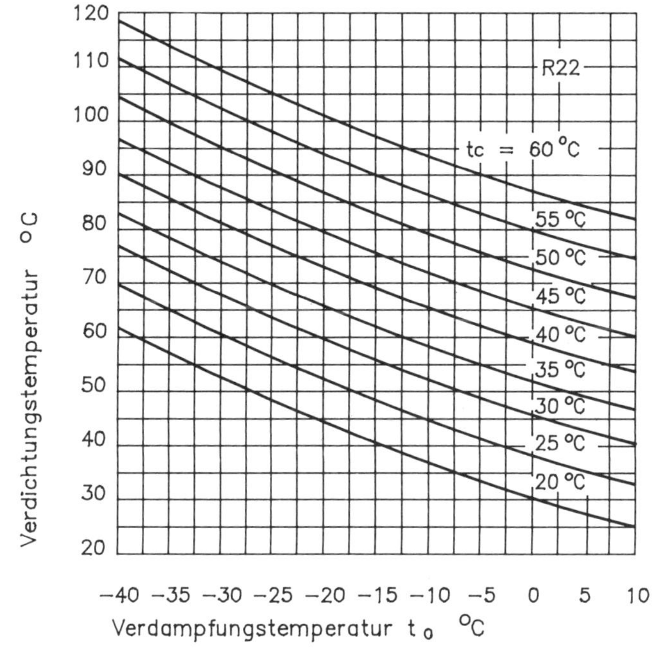

Abbildung 9: Endtemperatur bei Verdichtung von R22

Dieser Vorgang erfordert eine zusätzliche Energie, die jedoch nicht durch Erwärmung, sondern durch einen mechanischen Kraftaufwand, der Schubkraft des Kolbens, eingebracht wird. Diese mechanische Energie wird vom verdichteten Gas in Wärmeenergie umgewandelt und zu der bereits im Verdampfer aufgenommenen Wärmemenge Q_o addiert.

Wie der erste Hauptsatz der Wärmelehre besagt, sind Wärme und mechanische Arbeit gleichwertige Energieformen. Wärme kann in Maschinen in mechanische Arbeit umgewandelt werden und umgekehrt.

Die für den Verdichtungsvorgang aufgewendete mechanische Arbeit trägt das Formelzeichen W.

Im Kondensator werden sowohl die im Verdampfer aufgenommene Wärmemenge Q_o als auch die in Wärme umgewandelte Verdichtungsarbeit W abgegeben.

Die Kondensatorwärme Q ist demnach:

Gleichung 34:

$$Q = Q_0 + W$$

Abbildung 10 zeigt einen Kompressionszylinder mit Kolben und Arbeitsventilen.

Mit der Bewegung des Kolbens verändert sich der Rauminhalt des Zylinders. In einem Diagramm kann der Kolbenweg als waagerechte Achse für die Änderung des Volumens dienen. Weil der Druck mit geringerem Volumen zunimmt, erhält er die senkrechte Achse, so daß ein Diagramm mit den Koordinaten p (Druck) und V (Volumen) entsteht.

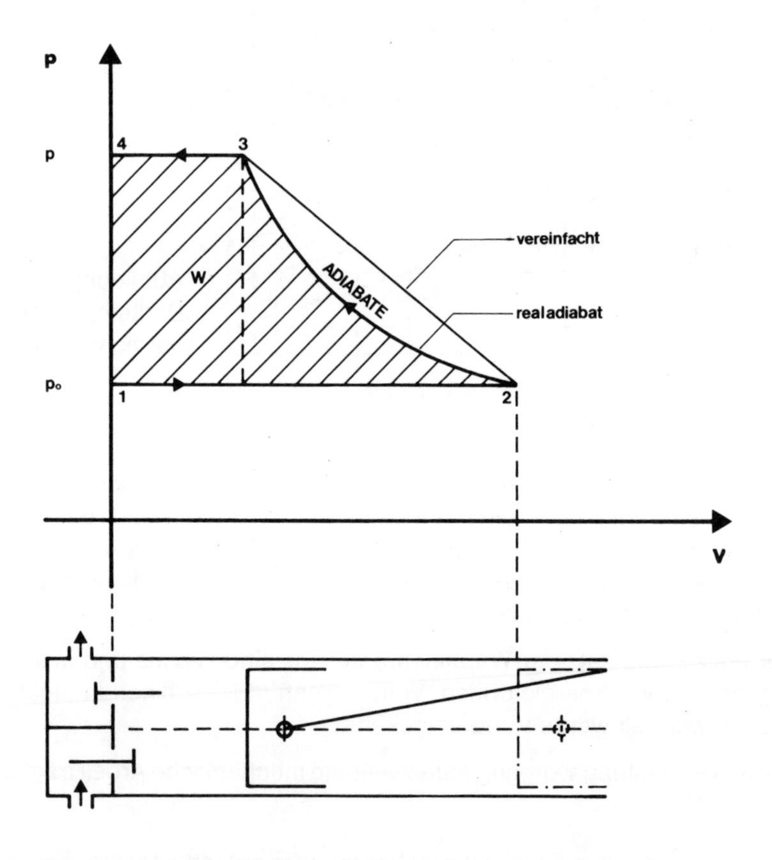

Abbildung 10: p,V-Diagramm eines verlustlosen Verdichters

Stellt man sich nun vereinfacht vor, der Kolben sei ganz oben (im Diagramm ganz links), so ist das Volumen des Zylinders gleich Null. Bewegt sich der Kolben abwärts (im Diagramm nach rechts), so nimmt das Volumen zu, während der Druck konstant bleibt, weil durch das Saugventil Kältemittel nachströmt. Im Diagramm erhalten wir daher parallel zur Volumenachse eine Gerade, deren Länge dem gesamten Hub des Kolbens entspricht.

Mit der Umkehrung der Kolbenbewegung steigt der Druck, während das Volumen abnimmt. Auf das Diagramm übertragen, ergibt dies eine schräg aufwärts gerichtete Gerade*; sie verbindet den Punkt des maximalen Zylindervolumens mit demjenigen Punkt, an dem das Gas soweit komprimiert ist, daß das Arbeitsventil öffnet. Da der Druck mit Beginn des Gasausstoßes konstant bleibt, hört die Schräge an diesem Punkt auf und setzt sich als Gerade fort, die parallel zur Volumenachse verläuft; im Zylinder herrscht nun der Kondensationsdruck p.

Ist das Gas ausgestoßen und der Kolben wieder ganz oben, beginnt der Zyklus von neuem; mit der Abwärtsbewegung des Kolbens öffnet das Saugventil und im Zylinder herrscht wieder der Verdampfungsdruck p_0.

Der auf das Diagramm übertragene Bewegungszyklus des Kolbens hat eine Fläche eingeschlossen, die näher zu untersuchen ist. Es handelt sich um eine zusammengesetzte Fläche, die aus einem rechtwinkligen Dreieck und einem Rechteck besteht. Die Fläche eines Rechtecks berechnet man durch Multiplikation seiner Länge und Breite; beim Dreieck entspricht die Fläche dem halbierten Produkt einer Seite und der auf ihr senkrecht stehenden Höhe.

Im Diagramm wird die Länge des Rechtecks bzw. eine Seite des Dreiecks durch das Volumen in m^3 dargestellt, die Breite bzw. Höhe durch den Druck p in N/m^2. Werden die Einheiten miteinander multipliziert, so gilt:

$$\frac{N}{m^2} \cdot m^3 = Nm$$

Das Ergebnis dieser Gleichung – die Einheit äußerer Arbeit – zeigt,

daß die Fläche im p,V-Diagramm, die der Bewegungszyklus des Kolbens eingeschlossen hat, ein Maßstab für die bei der Verdichtung zu leistende Arbeit ist.

Diese Arbeitsleistung ist unverzichtbar, um das gasförmige Kältemittel zu verdichten und seinen Wärmeinhalt auf ein höheres Temperaturniveau zu befördern. Nur so kann zwischen dem Kältemittel und demjenigen Stoff, an den die Wärme im Kondensator abgegeben werden soll, ein für den Wärmefluß ausreichendes Temperaturgefälle entstehen.

* Vereinfachte Darstellung; in Wirklichkeit ergibt sich bei der Kompression keine Gerade, sondern eine komplizierte mathematische Kurve, die Adiabate heißt.

Beim Austritt aus dem Verdichter ist das gasförmige Kältemittel **überhitzt**; weil es als **Sattdampf** in den Verdichter eingetreten ist, macht sich die im Verdichtungsvorgang in Wärme umgewandelte Arbeitsleistung als sensible Wärme bemerkbar.

Diese Überhitzung bestimmt jedoch nicht den Druck des Gases; auch in der zum Kondensator führenden, heißen Leitung herrscht der Kondensationsdruck p, aber die Überhitzungstemperatur T_4.

Mit dieser Temperatur strömt das Kältemittel in den Kondensator, wo zunächst die in Wärme umgewandelte Verdichtungsarbeit W abgeführt wird, so daß die Temperatur auf den Kondensationswert T sinkt. Sodann wird die im Verdampfer aufgenommene Wärmemenge Q_0 abgegeben. Der Druck bleibt auf der gesamten Strecke durch den Kondensator theoretisch konstant.

2.4 Der Expansionsvorgang

Das wieder verflüssigte Kältemittel verläßt den Kondensator mit hohem Druck, dem **Kondensationsdruck p**. Bevor das Kältemittel erneut in den Verdampfer einströmt, muß sein Druck auf den Verdampfungsdruck p_0 verringert werden, damit es im Verdampfer unverzüglich zu sieden beginnt – und mit dem Verdampfen abermals Wärme aufnimmt.

Zur Druckverringerung dient eine als **Expansionsvorrichtung** bezeichnete Trennstelle, die grundsätzlich die Gestalt einer Drosseldüse besitzt. Ihre Bezeichnung fußt auf der das Kältemittel- Volumen vergrößernden, „expandierenden" Wirkung.

Die Drosseldüse muß so groß bemessen sein, daß der notwendige Kältemittel-Massenstrom m_K bei vorgegebener Druckdifferenz $p-p_0$ hindurchströmen kann.

Die erforderliche Größe der Düsenöffnung läßt sich berechnen; da aber unterschiedliche Massenströme notwendig sind, werden als Expansionsvorrichtung spezielle Ventile eingesetzt. Diesen Expansionsventilen ist ein eigenes Kapitel vorbehalten (s. S. 105).

2.5 Die Zusammenführung zum Kältekreislauf

Abbildung 10a zeigt einen einfachen Kältekreislauf mit einer Hoch- und einer Niederdruckseite. Die inzwischen bekannten Kreislaufkomponenten **Verdampfung, Verdichtung, Kondensation** und **Expansion** sind mit Hilfe entsprechender Symbole wiedergegeben.

Um verschiedenen Stellen des Kältekreislaufs den jeweilgien Wärmeinhalt des Kältemittels zuordnen zu können, sind bestimmte Punkte des Schemas mit den Ziffern

1, 2, 3 und 4 bezeichnet. An diesen Punkten besitzt das Kältemittel in gleicher Reihenfolge die spezifische Enthalpie h_1, h_2, h_3 bzw. h_4.

Daneben gibt es noch den Punkt 1′ unmittelbar vor dem Verdampfer und den Punkt 3′ unmittelbar vor dem Expansionsventil.*

Abbilung 11a

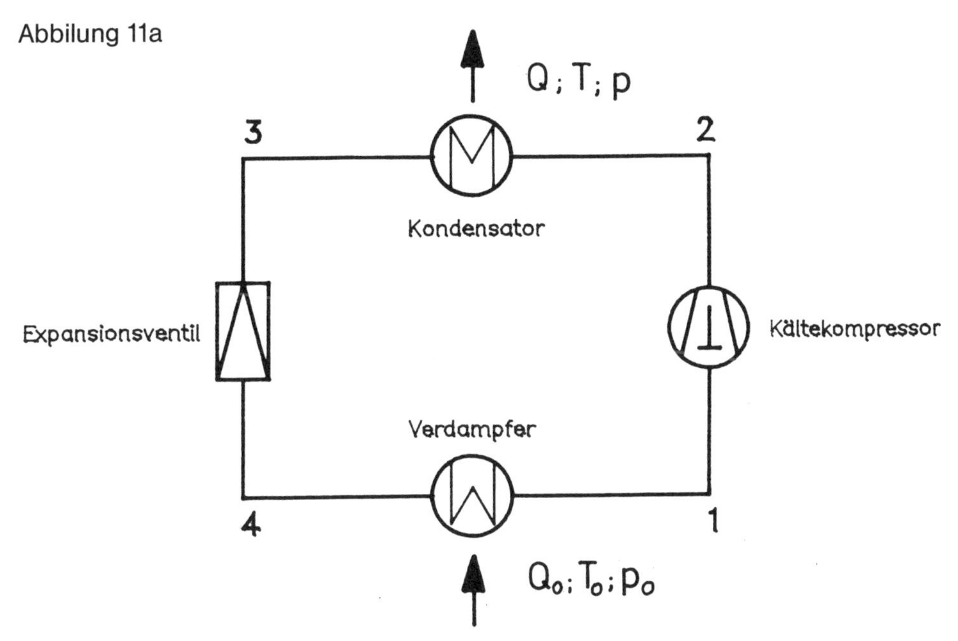

Punkt 1: Das gesamte Kältemittel ist soeben verdampft; es hat die Wärmemenge Q_o aufgenommen, die der Kältearbeit entspricht.

Punkt 1′ Das bereits zu Gas verdampfte Kältemittel ist so kalt, daß es noch mehr Wärme aus der Umgebung aufnimmt. Es ist saugseitig überhitzt, der Wärmeinhalt ist gestiegen.

Punkt 2: Das Gas wurde verdichtet. Sein Wärmeinhalt h_2 hat sich um den Wert der Verdichtungsarbeit vergrößert: $h_2 = h_1\,' + W$.

Punkt 3: Das Gas wurde kondensiert. Im Kondensator wurde dabei die Verdichtungswärme W un die Verdampfungswärme Q_o abgegeben. Das Kältemittel ist jetzt flüssig; wegen seines hohen Drucks kann es nicht sieden.

Punkt 3′ Das flüssige Kältemittel hat abermals eine geringe Wärmemenge abgegeben, es wurde in flüssigem Zustand unterkühlt.

Punkt 4: Der Druck des Kältemittels wurde verringert. Die Flüssigkeit hat sich auf die Verdampfungstemperatur abgekühlt. Beim Einströmen in den Verdampfer siedet

* Bei derartigen Schemata beziehen sich örtliche oder zeitliche Angaben wie „vor“, „nach“, „hinter“ usw. stets auf die Bewegungsrichtung des Kältemittelflusses.

sie unter Wärmeaufnahme, was einer „Kälteerzeugung“ gleichkommt. Das im Verdampfer aufs neue zu Gas verdampfte Kältemittel wird vom Verdichter angesaugt.

Demnach ist der Kältemittel-Massenstrom:

Gleichung 35:

$$\dot{m}_k = \frac{\dot{Q}_0}{(h_1 - h_3')}$$

Die im Kondensator abgeführte Wärmemenge ist:

Gleichung 34:

$$Q = Q_0 + W$$

Schließlich ist die für die Verdichtung aufzubringende Energie:

Gleichung 36:

$$W = Q - Q_0$$

Um möglichst wenig Energie aufbringen zu müssen, ist W möglichst gering zu bemessen. Soll die Effizienz des Prozesses ermittelt werden, so setzt man die Kondensatorleistung und die Arbeitsleistung zueinander in Relation, wodurch man die Leistungsziffer erhält:

Gleichung 37:

$$\varepsilon_c = \frac{Q}{W} = \frac{Q}{Q - Q_0} = \frac{\dot{Q}}{\dot{Q} - \dot{Q}_0}$$

ε_c = theor. Leistungsziffer

Q = Wärme kondensatorseitig [kJ]

$\dot{Q}$ = Wärmeleistung Kondensator $\left[\frac{kJ}{h}\right]$

Q_0 = Wärme verdampfungsseitig

Q'_0 = Wärmeleistung verdampferseitig = Kälteleistung $\left[\frac{kJ}{h}\right]$

W = Antriebsarbeit [kJ] bzw. [kWs]

Der Kehrwert der Leistungsziffer wird als „carnotscher Wirkungsgrad“ η_c bezeichnet und schreibt sich mit Gleichung 38

$$\eta_c = \frac{W}{Q} = \frac{Q - Q_0}{Q}$$

Oft findet man für die Leistungsziffer die Gleichung 39

$$\varepsilon_c = \frac{T}{T - T_0}$$

die man ableiten kann, wenn man den Begriff der Entropie kennt, der in diesem Band noch nicht erklärt wird. Dabei bekommt man bereits einen Überblick über die Güte einer Anlage, wenn man Verdampfungs- und Kondensationstemperatur kennt (natürlich in K einzusetzen).

Die thermischen Verluste sind so groß, daß die reale Leistungsziffer etwa 50 % der errechneten beträgt.

Diese Leistungsziffer gibt Auskunft darüber, um das Wievielfache die im Kondensator abgegebene Wärmemenge größer ist als die für die Verdichtung angewendete Energiemenge.*

Diagramm 2

Sauggasgekühlte halbherm. und vollherm. Verdichter.

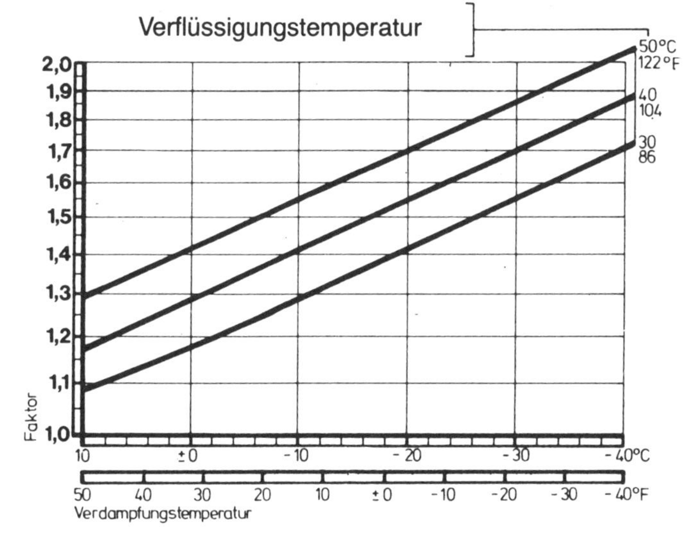

Sauggasgekühlte halbtherm. und volltherm. Verdichter

Abbildung 11b: Verdichterleistungen aufgetragen über der Verdampfungstemperatur

* Die Leistungsziffer wird auch als Carnotsche Leistungsziffer, der gesamte Kältekreislauf auch als Carnotprozeß oder Carnotscher Kreisprozeß bezeichnet.

2.6 Aufgaben

(Lösungen siehe Seite 154–157)

Teil 1

1. Welches Volumen nehmen 3,3 kg R 22 bei 278 K ein, in der flüssigen Form sowie als Dampf?
2. Welche Massen haben 7,8 m^3 Dampf Frigen 22 bei einer Temperatur von 254 K?
3. Welches Hubvolumen muß ein Verdichter haben, der bei einer Verdampfungstemperatur von 243 K eine Kälteleistung von 18 900 W bringen soll bei Frigen 22, bei Frigen 12 und bei Frigen 502?
   Deuten Sie das Ergebnis
4. Stellen Sie eine Kurve für die Leistungsziffer auf bei $T_0 = 273$ K und $T = 303$ K bis 333 K.
5. Stellen Sie eine Kurve für die Leistungsziffer auf bei $T = 303$ K und $T_0 = 253$ K bis 283 K.
6. An welcher Stelle soll das Kältemittel im Kältekreislauf unterkühlt sein?
7. 20 m^3 ideales Gas werden isotherm von 2 auf 10 bar verdichtet. Stellen Sie die Abhängigkeit von p und V graphisch dar.
8. Eine Anlage hat einen Wirkungsgrad von 90 %. Wieviel muß der Antrieb leisten, wenn theoretisch 120 kW gefordert werden?

Teil 2

1. Ein ideales Gas wird isochor von 2 auf 10 bar verändert. Stellen Sie diesen Vorgang im p,V-Diagramm graphisch dar und deute das Ergebnis.
2. Ein ideales Gas wird von 263 K auf 303 K isobar in seinem Zustand verändert. Stellen Sie das p,V-Diagramm graphisch dar und deuten Sie das Ergebnis.
3. Ein ideales Gas wird isotherm von 2 auf 12 bar verdichtet. Stellen Sie den Vorgang im p,V-Diagramm graphisch dar und deuten Sie das Ergebnis. Anfangsvolumen 10 m^3.
4. Vergleiche die Aufgaben 1–3 miteinander und überlegen Sie, ob es im Kältekreislauf ähnliche Vorgänge gibt. Bei welchem dieser drei Vorgänge muß eine Arbeit geleistet werden?
5. Ein Heizlüfter liefert bei einer Leistungsaufnahme von 2 kW eine Heizleistung von 1548 Watt.
   a) Wie groß ist der Wirkungsgrad?
   b) Welche Leistungsabnahme hätte eine Wärmepumpe gleicher Heizleistung bei einer thermischen Leistungsziffer von 3,5?

3. Der praktische Verdichtungsvorgang, seine Berechnung und Ausführung

3.1 Das p,V-Diagramm des realen Verdichters

Das p,V-Diagramm vermag die Arbeit, die für den Verdichtungsvorgang aufgewendet werden muß, als Fläche darzustellen. In der Praxis ist allerdings davon auszugehen, daß eine **reale** Anlagenkonstruktion vom **theoretischen** Ideal abweicht. Im p,V-Diagramm eines realen Verdichters bleibt die Fläche nicht so klein wie theoretisch unterstellt; mithin treten Leistungsverluste auf.

Bisher wurde angenommen, daß der Hubraum des Zylinders beim Ausstoßen des Kältemittels völlig entleert wird. Der Kolben darf jedoch am oberen Endpunkt seines Bewegungszyklus nicht gegen den Zylinderdeckel stoßen. Zudem benötigen die Arbeitsventile hier ihren Platz. Im Zylinder verbleibt daher stets eine geringe Gasmenge, die mit der Abwärtsbewegung des Kolbens wieder dekomprimiert wird.

Dieser oberhalb des höchsten Kolbenstandes verbleibende Raum wird als **„schädlicher Raum“** bezeichnet.

Je präziser die Konstruktion eines Verdichters, um so kleiner ist sein schädlicher Raum.

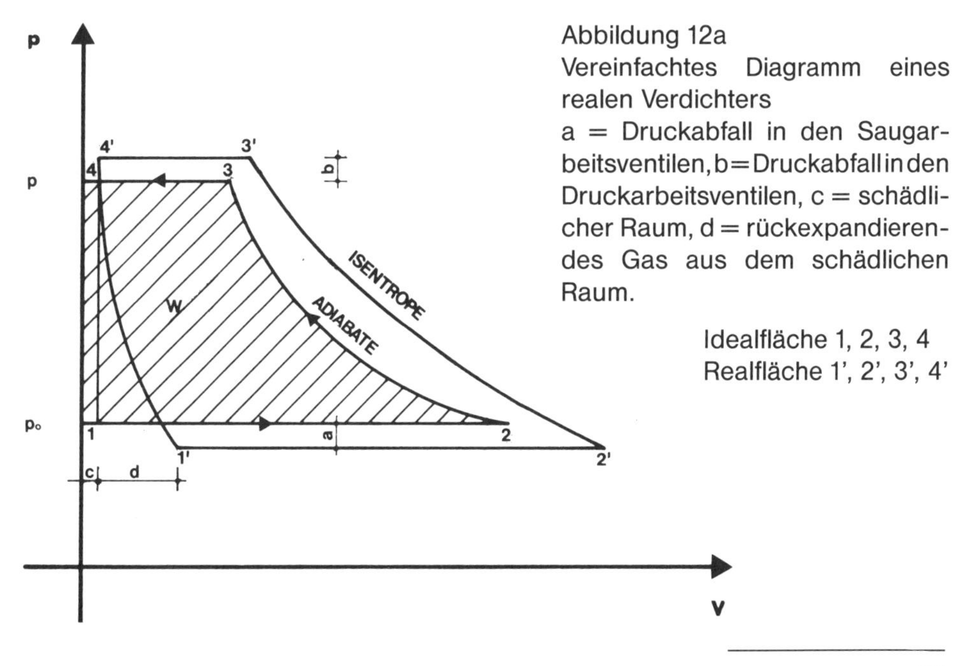

Abbildung 12a
Vereinfachtes Diagramm eines realen Verdichters
a = Druckabfall in den Saugarbeitsventilen, b = Druckabfall in den Druckarbeitsventilen, c = schädlicher Raum, d = rückexpandierendes Gas aus dem schädlichen Raum.

Idealfläche 1, 2, 3, 4
Realfläche 1', 2', 3', 4'

Weitere, zum Teil erhebliche Verluste entstehen durch

- **Strömung in den Arbeitsventilen**, da das Kältemittel hier durch sehr kleine Querschnitte geführt wird,
- **Reibungswärme** der Kolben in den Kolbenbahnen und Lagern,
- **Undichtigkeiten** in den Kolbenbahnen,
- **Ausdampfen von Öl** in gelöstem Kältemittel.

Abbildung 11a zeigt das p,V-Diagramm eines realen Verdichters.

Der Punkt 4 des Diagramms bezeichnet den oberen Endpunkt der Kolbenbewegung, den **Totpunkt**, an dem die Bewegung des Kolbens gleich Null ist und er seine Richtung wechselt. Das Druckventil, durch das das Kältemittel ausströmt, schließt.

Das im schädlichen Raum befindliche Gas dehnt sich mit der Abwärtsbewegung des Kolbens wieder aus, so daß sich für die Druckänderung zwischen Punkt 4 und Punkt 1 eine Kurve ergibt. Bei Punkt 1 ist der Saugdruck p_0 erreicht, das Saugventil öffnet. Im Innern des Ventils entsteht durch Reibung ein geringer Druckabfall ($p_0 - p_0'$). Der Zylinder füllt sich mit Gas, bis der Kolben bei Punkt 2 seinen unteren Totpunkt erreicht hat und das Saugventil schließt. Mit der Aufwärtsbewegung des Kolbens wird das Gas zwischen den Punkten 2 und 3 verdichtet. Bei Punkt 4 öffnet das Druckventil und läßt das heiße Kältemittelgas ausströmen, wobei wiederum Reibungsverluste entstehen ($p' - p$).

Die eingeschlossene Fläche ist im p,V-Diagramm eines realen Verdichters also deutlich größer als im theoretischen, idealen p,V- Diagramm. Demnach ist die notwendige Arbeit W in der Praxis größer als angenommen.

Der Arbeitsaufwand, und mit ihm die eingeschlossene Fläche, soll so gering wie möglich bleiben, weil die Maschine verlustarm und kostengünstig arbeiten soll.

Mit welchen Maßnahmen ist dies bei einer realen Kühlanlage erreichbar?

p ist in etwa gleich dem Kondensationsdruck und der Kondensationstemperatur proportional.

p_0 entspricht in etwa dem Saugdruck, der seinerseits vom Verdampfungsdruck und der Verdampfungstemperatur abhängt.

Die Fläche im p,V-Diagramm wird eindeutig kleiner, je geringer der Abstand zwischen p und p_0 wird. Es ist also anzustreben, daß das Druckverhältnis klein bleibt.

Daraus folgt:

Die Verdampfungstemperatur sollte so hoch wie möglich, die Kondensationstemperatur so tief wie möglich sein.

Das Verhältnis der idealen zur realen Fläche im p,V-Diagramm entspricht etwa dem Liefergrad Lambda.

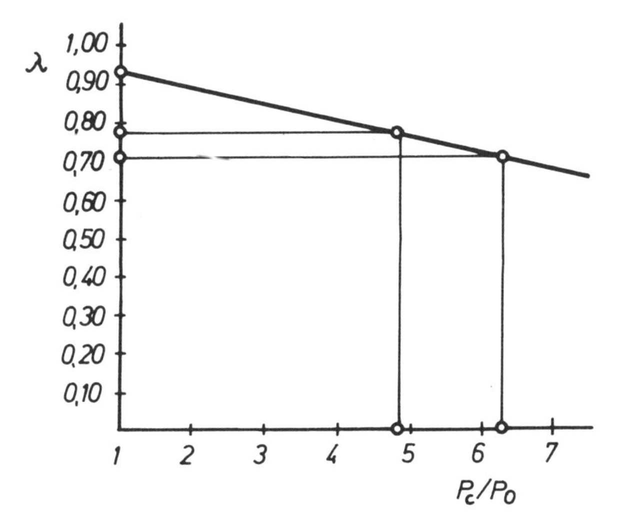

Abbildung 12b: Liefergrad eines Hubkolbenverdichters in Abhängigkeit von P_c/p_0

3.2 Berechnung der Größen eines Kolbenverdichters

Die Fähigkeit eines Verdichters, aufgrund seiner Zylinderabmessungen ein bestimmtes Volumen angesaugten Gases (in m^3) zu verdichten, wird als **Hubvolumen** bezeichnet.

Das geometrische Hubvolumen ergibt sich aus den Verdichterabmessungen und ist größer als das reale Hubvolumen, das die beschriebenen Verluste berücksichtigt.

Bezieht man das Hubvolumen auf eine Zeiteinheit, also m^3/h, so spricht man vom **Hubvolumenstrom**, dessen Formelzeichen wie alle zeitlichen Größen einen Punkt erhält.

Um den Hubvolumenstrom zu ermitteln, ist der Zylinderinhalt des Verdichters zu errechnen, ferner sind Drehzahl und Liefergrad zu berücksichtigen.

Der Rauminhalt V_Z eines Zylinders ergibt sich aus dem Produkt von Kolbenfläche und Hub ist d der Zylinderdurchmesser und s der Hub, so ist der Inhalt

Gleichung 40:

$$V_Z = \frac{d^2\pi}{4} \cdot s$$

Der geometrische Hubvolumenstrom ergibt sich durch Multiplikation mit der Drehzahl n, weil dieser der Anzahl der Kolbenstöße pro Zeiteinheit entspricht. Da die Drehzahl in Umdrehung pro Minute angegeben wird, muß noch mit 60 Minuten multipliziert werden, um den geom. Hubvolumenstrom pro Stunde zu erhalten. Außerdem muß die Anzahl z der Zylinder berücksichtigt werden.

Gleichung 41:

$$\dot{V}_g = V_Z \cdot z \cdot n \cdot 60 = z \cdot \frac{d^2\pi}{4} \cdot s \cdot n \cdot 60$$

z = Zylinderzahl

d = Hubkolbendurchmesser [m]

s = Hub [m]

n = Umdrehungen $\left[\frac{1}{min}\right]$

V_g = geom. Hubvolumenstrom $\left[\frac{m^3}{h}\right]$

Der Liefergrad λ als Verhältnis der realen Ansaugleistung $\dot{V}_0$ zur geometrischen $\dot{V}_g$ ist

Gleichung 42:

$$\lambda = \frac{\dot{V}_0}{\dot{V}_g} \Longrightarrow \dot{V}_0 = \dot{V}_g \cdot \lambda$$

Unter Berücksichtigung der Kältemittel-Unterkühlung in der Flüssigkeitsleitung vor dem Expansionsventil ergibt sich gemäß Gleichung 35 der Kältemittel-Massenstrom zu

$$\dot{m}_K = \frac{\dot{Q}_0}{h_1 - h_3'}$$

und mit dem spez. Volumen des Dampfes gilt:

Gleichung 43:

$$\dot{V}_0 = \dot{m}_k \cdot v'' = \frac{\dot{Q}_0}{h_1 - h_3'} \cdot v''$$

h_3' = spez. Enthalpie vor dem E-Ventil $\left[\frac{kJ}{kg}\right]$

h_1 = spez. Enthalpie hinter dem Verdampfer

$\dot{Q}_0$ = Kälteleistung $\left[\frac{kJ}{h}\right]$

$\dot{m}_k$ = Kältemittel-Massenstrom $\left[\frac{kg}{h}\right]$

v'' = spez. Volumen des Dampfes $\left[\frac{kg}{m^3}\right]$

Interessant ist der Wert

$$\frac{h_1' - h_3'}{v''} = q_0 \qquad \left[\frac{kJ}{kg} \cdot \frac{kg}{m^3} = \frac{kJ}{m^3}\right]$$

der angibt, welche Wärmemenge von 1 m^3 Kältemitteldampf gebunden werden kann. Er heißt volumetrischer Kältegewinn und ist in Tabellen abhängig von Verdampfung und Kondensation angegeben. Dies hilft, Berechnungen zu vereinfachen. Nicht zu verwechseln ist dies mit der Verdampfungswärme r, in der Unterkühlungszustände nicht berücksichtigt sind.

Gleichung 44:

$$q_0 = \frac{h_1 - h_3'}{v''} \text{ eingesetzt in Gleichung 43} \Longrightarrow$$

$$\dot{Q}_0 = q_0 \cdot \dot{V}_0$$

Ist die Verdampfungstemperatur niedrig, ist auch der Verdampfungsdruck p_0 niedrig. Damit befinden sich im Volumenstrom weniger Moleküle. Die Masse des angesaugten Kältemittels ist geringer.

Somit sinkt die Kälteleistung trotz des vom Verdichter vorgegebenen Hubvolumens. Es sinkt auch entsprechend die notwendige Antriebsleistung W. Dies aber nicht in gleichem Verhältnis, die carnotsche Leistungsziffer wird ungünstiger.

Es gilt:

Mit abnehmender Verdampfungstemperatur sinken Kälteleistung $\dot{Q}_0$ und Kraftbedarf W.

Die carnotsche Leistungsziffer wird schlechter.

Mit steigender Kondensationstemperatur sinkt die Kälteleistung, der Kraftbedarf steigt.

Mit steigendem Kraftbedarf steigt die Stromaufnahme des Antriebsmotors.

Daraus folgt, daß Messung von Verdampfungstemperatur, Kondensationstemperatur (bzw. V-Druck und K-Druck) sowie Stromaufnahme Rückschlüsse auf die Kälteleistung im Betriebspunkt erlauben.

Die Drücke und die daraus folgenden Temperaturen werden mit Manometern gemessen. Die Meßwerte lassen sich dann mit dem Arbeitsdiagramm des Kompressors vergleichen (vgl. Abbildung 13a, Seite 45).

Musteraufgabe zur Erkennung der Verdichterabmessungen

Gegeben ist ein Verdichter mit folgenden Daten:

$s = 36{,}5$ mm, $n = 1450 \frac{1}{\text{min,}}$ $z = 2$

$d = 60{,}3$ mm, $t_u = +25°C$, $t_0 = -10°C$, $\lambda = 0{,}85$

Aus diesen Angaben läßt sich zunächst der geom. Hubvolumenstrom V_g berechnen mit Gleichung 41

$$\dot{V}_g = z \cdot \frac{d^2\pi}{4} \cdot s \cdot n \cdot 60 =$$

$$2 \cdot \frac{60{,}3\ \text{mm} \cdot 60{,}3\ \text{mm}}{4} \cdot 36{,}5\ \text{mm} \cdot 1450 \frac{1}{\text{min}} \cdot 60\ \text{min} \cdot 1\text{h} = 18{,}3 \frac{\text{m}^3}{\text{h}}$$

Mit Gleichung 44 ist q_0 direkt aus Tabelle ablesbar oder berechenbar zu

$$q_0 = \frac{h_1 - h_3'}{v''} = \frac{(401{,}18 - 230{,}5)\frac{\text{kJ}}{\text{kg}}}{0{,}0654\ \frac{\text{m}^3}{\text{kg}}} = 2608{,}26 \frac{\text{kJ}}{\text{m}^3}$$

$$\dot{Q}_0 = q_0 \cdot \dot{V}_g \cdot \lambda = 2608{,}26 \frac{\text{kJ}}{\text{m}^3} \cdot 18{,}13 \frac{\text{m}^3}{\text{h}} \cdot 0{,}85 = 41194{,}59 \frac{\text{kJ}}{\text{h}} \triangleq 11{,}16\ \text{kW}$$

Die Kälteleistung der Verdichter verändert sich mit dem benutzten Kältemittel, weil der volumetrische Kältegewinn q_0 sich ändert.

Der Kraftbedarf W des Verdichters paßt sich diesem Umstand an.

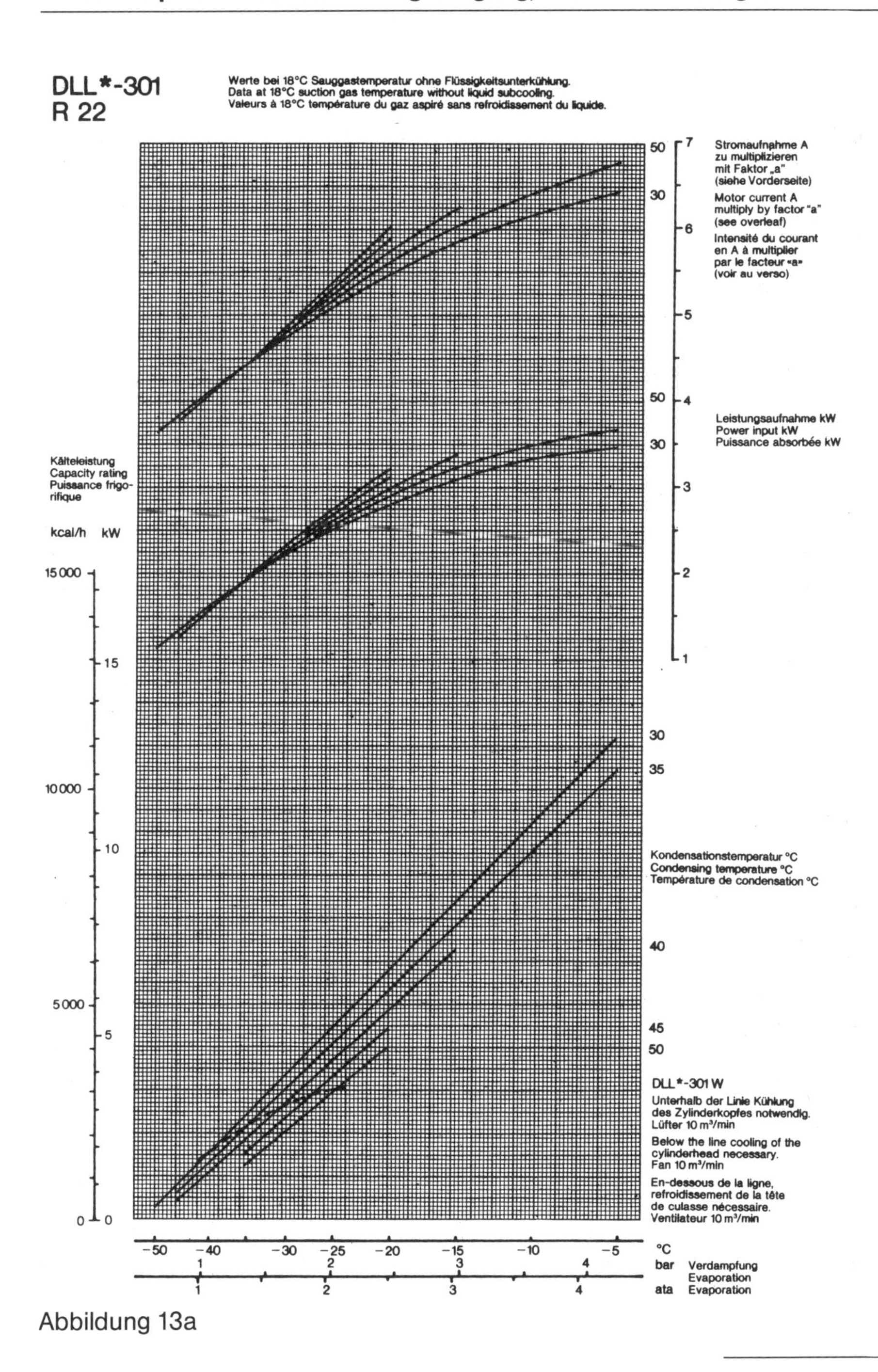

Abbildung 13a

Kältekompressor luftgekühlt Motor-Compressor air-cooled Moto-Compresseur refr. par air	**DLL*-301**	wassergekühlt water-cooled refr. par eau	**W**	**R 22**

Anwendungsbereich	**Application range**	**Application**	ML		
Verdampfungstemperatur	Evaporating temperature	Température d'évaporation	−5°C/−50°C		
Kondensationstemperatur	Condensing temperature	Température de condensation	50°C max.		
Kältekompressor	**Motor-Compressor**	**Moto-Compresseur**			
Hubvolumen	Displacement	Volume engendré	18,13 m³/h 50 Hz		
Nenndrehzahl	Nominal speed	Vitesse nominale	1450 min⁻¹ 50 Hz		
Zylinderanzahl	Number of cylinders	Nombre de cylindres	2		
Bohrung	Bore	Alésage	60,3 mm∅		
Hub	Stroke	Course	36,5 mm		
Saugabsperrventil SL	Suction line size SL	Soupape d'arrêt tube asp. SL	1⅛" = 28 mm Löt	sweat	à braser
Druckabsperrventil DL	Discharge line size DL	Soupape d'arrêt tube ref. DL	⅝" = 15 mm Bördel	flare	à visser
Ölschmierung	Oil lubrication	Graissage	Ölschleuder	oil flinger	centrifuge d'huile
Ölsorte	Grade of oil	Huile	Fuchs KM/Suniso 3 GS		
Ölmenge	Oil charge	Quantité d'huile	2,6 l		
Öldrucksicherheitsschalter	Oil pressure safety control	Pressostat de sécurité d'huile			
Schwingungsdämpfer	**Mounting parts**	**Amortisseurs**			
Motorseite	Motor end	Côté moteur	2 Federn blau	2 springs blue	2 ressorts bleu
Kompressorseite	Compressor end	Côté compresseur	2 Federn blau	2 springs blue	2 ressorts bleu
Gewicht	**Weight**	**Poids**	netto 91 kg	net 91 kg	net 91 kg
			brutto 96 kg	gross 96 kg	brut 96 kg
Motor	**Motor**	**Moteur**			
Nennleistung PS/kW	Nominal output HP/kW	Puissance nominale CV/kW	3/2,21		
Kühlung	Cooling	Refroidissement	Luftstrom vom Kondensator oder Kühlwasserschlange 15 × 1 mm	Air flow from Condenser or water coil 15 × 1 mm	Flux d'air du condenseur ou serpentin à eau 15 × 1 mm

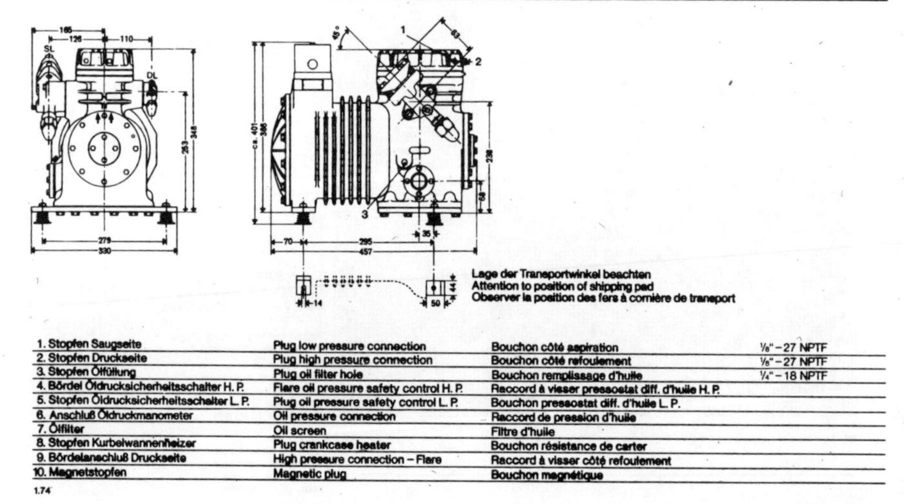

1. Stopfen Saugseite	Plug low pressure connection	Bouchon côté aspiration	⅛"−27 NPTF
2. Stopfen Druckseite	Plug high pressure connection	Bouchon côté refoulement	⅛"−27 NPTF
3. Stopfen Ölfüllung	Plug oil filter hole	Bouchon remplissage d'huile	¼"−18 NPTF
4. Bördel Öldrucksicherheitsschalter H. P.	Flare oil pressure safety control H. P.	Raccord à visser pressostat diff. d'huile H. P.	
5. Stopfen Öldrucksicherheitsschalter L. P.	Plug oil pressure safety control L. P.	Bouchon pressostat diff. d'huile L. P.	
6. Anschluß Öldruckmanometer	Oil pressure connection	Raccord de pression d'huile	
7. Ölfilter	Oil screen	Filtre d'huile	
8. Stopfen Kurbelwannenheizer	Plug crankcase heater	Bouchon résistance de carter	
9. Bördelanschluß Druckseite	High pressure connection – Flare	Raccord à visser côté refoulement	
10. Magnetstopfen	Magnetic plug	Bouchon magnétique	

1.74

Abbildung 13b

Es gilt laut Dampftabelle:

	v''	h_1	h_3'	$h_1 - h_3'$	$\frac{h_1 - h_3'}{v''}$	$= q_0$
R 22	0,0654	401,18	230,5	170,58	2608,26	

$$\dot{Q}_0 = q_0 \cdot V_g \cdot \lambda$$

$$\dot{Q}_{0\,22} = 2608{,}26\,\frac{kJ}{m^3} \cdot 18{,}13\,\frac{m^3}{h} \cdot 0{,}85 = 41194{,}59\,\frac{kJ}{h} = 11{,}16\ kW$$

Daraus ersehen wir, daß pro m^3 angsaugtes Gas die Kälteleistung bei R 22 bedeutend größer ist als bei R 12. Darum kann der Kompressor bei gleicher Kälteleistung kleiner sein. Aus diesem Grund wird bei Klimaanlagen häufig R 22 benutzt (oder Ersatzkältemittel).

R 12/R 134a-Anlagen sind wegen der geringeren Drücke robuster.

Merke:

Bei Verwendung von R 22 erhöht sich die Kälteleistung gegenüber R 12. Es erhöht sich aber auch der Kraftbedarf.

Der Kraftbedarf hängt im besonderen Maße von der zu leistenden $\dot{Q}_0$ ab. Damit sinkt er bei sinkender Verdampfungstemperatur, weil da auch Q_0 sinkt.

3.3 Funktionsweisen verschiedener Verdichterbauarten

Es gibt verschiedenste Konstruktionen für Verdichter, von denen einige näher beschrieben werden.

3.3.1 Offener Kolbenverdichter

Hierunter versteht man einen Verdichter, dessen Antriebsmotor **außerhalb** des eigentlichen Hubzylindergehäuses untergebracht ist. Der separate Antriebsmotor bewegt mit Hilfe eines Keilriemens eine große Riemenscheibe (auch Schwungrad genannt), die auf der Antriebswelle des Hubzylinders befestigt ist. Anstelle des Keilriemens kann zur Kraftübertragung auch eine Kupplung dienen. Die Leistung des Verdichters läßt sich durch die Drehzahl seiner Antriebswelle an den jeweiligen Bedarf anpassen (Übersetzungsverhältnis der Keilriemenscheiben).

Offene Kolbenverdichter sind vollkommen zerlegbar.

Ein besonderes Problem dieser Bauart ist die **Abdichtung der Antriebswelle** gegen den äußeren Luftdruck. Dies geschieht durch die Wellenabdichtung **(Stopfbuchse)**. Ein System von Gleitringen, die fortwährend selbsttätig geschmiert werden, sorgt für die Dichtigkeit, so daß kein Kältemittel austritt. Nach längerem Stillstand des Verdichters ist diese Schmierung nicht mehr gewährleistet, wodurch Undichtigkeit auftreten kann.

Offene Verdichter haben den Vorteil, daß der Antriebsmotor außerhalb des Kältemittel-Kreislaufes liegt. Im Falle eines Motorschadens können etwaige Verbrennungen oder Überhitzungen innerhalb des Kältekreislaufes keinen Schaden verursachen. Der Antrieb läßt sich zudem leicht auswechseln; die insgesamt gute Reparaturfähigkeit und die robuste Bauweise zählen ebenfalls zu den Vorteilen.

Bei geeignetem Antriebsmotor können diese Maschinen im **explosionsgeschützten Bereich** eingesetzt werden (Ex-Schutz).

Demgegenüber ist neben den bereits beschriebenen Dichtigkeitsproblemen der große Platzbedarf von Nachteil; ferner kann die Abwärme des Motors nicht vom Kältemittel aufgenommen werden, was die Leistungsziffer moderner Verdichter verschlechtert (Abbildung 14).

Type III Teil Nr.	Gegenstand	Type III Teil Nr.	Gegenstand	Type III Teil Nr.	Gegenstand
3010	Gehäuse	0023	Schraube für Druck-Ventilplättchen	039	Kugel
3011	Zylinder	0024	Feder für Druck-Ventilplättchen	2040	Dichtung Seitendeckel
3012	Dichtung Gehäuse/Zylinder	0025	Gegenhalter	2045	Wellenabdichtung komplett mit Dichtungen
3013	Schwungrad (ohne Gewindekeil)	0026	Sicherungsblech		f. Seitendeckel und Abschlußdeckel
2014	Gewindekeil für Exzenter und Schwungrad	2027	Saug-Ventilplättchen	3046	Satz Dichtungen
0014	Zusätzlicher Gewindekeil für Exzenter	2028	Schraube für Saug-Ventilplättchen	2047	Eintrittssieb
3015	Zylinderkopf, luftgekühlt	3030	Ventilplatte fertig montiert	–	Kolbenring
3062	Zylinderkopf, wassergekühlt	3031	Dichtung Zylinderkopf	2059	Schauglasdeckel
2016	Seitendeckel	3032	Dichtung Ventilplatte/Zylinder	2060	Schauglas
0017	Abschlußdeckel	3033	Kolben	2061	Dichtung Schauglas
0018	Dichtung Abschlußdeckel	3034	Kolbenbolzen	2064	Ölschleuderblech
264/2	Druck-Absperrventil	3035	Pleuel	1065	Abdeckplättchen für Zylinder
164/3	Saug-Absperrventil	3036	Exzenter (ohne Gewindekeile)	1066	Schraube für Abdeckplättchen
0021	Ovale Flanschdichtung	2037	Welle	–	Anschlagblech für Dichtung
022	Druck-Ventilplättchen	0038	Feder		

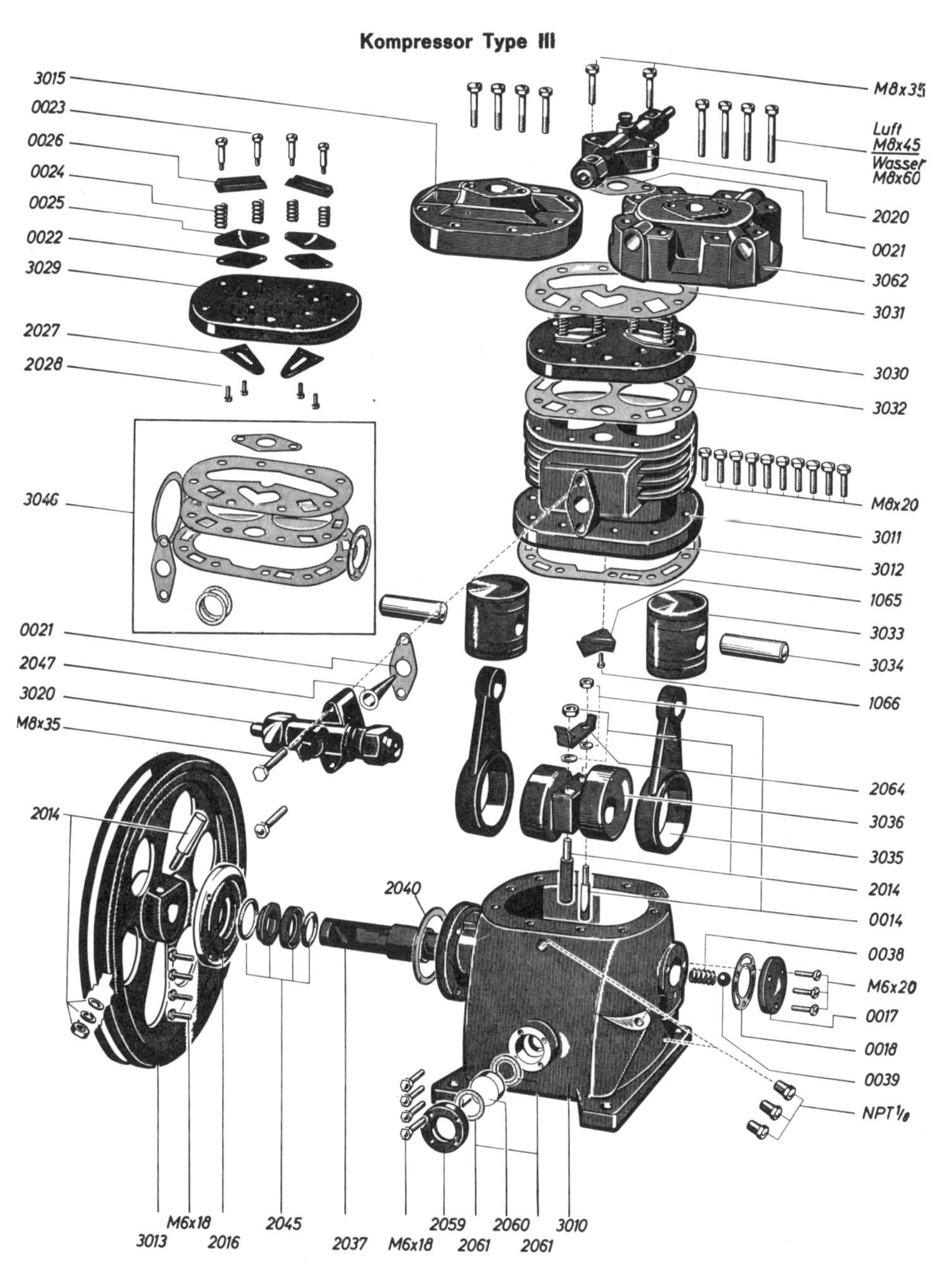

Abbildung 14

3.3.2 Halbhermetischer Kolbenverdichter

„Hermetisch" bedeutet „dicht verschlossen"; in der Kältetechnik ist damit eine als **„gekapselt"** bezeichnete Bauweise gemeint, bei der sich Zylinder und Antriebsmotor eines Verdichters in einem gemeinsamen Gehäuse befinden. Im Gegensatz zur vollhermetischen Bauweise läßt sich das Gehäuse eines halbhermetischen Verdichters zu Wartungs- und Reparaturzwecken öffnen. Bauteile, die stärkerem Verschleiß unterliegen, wie z. B. die Arbeitsventile oder die Ölpumpe, können daher leicht ausgewechselt werden.

Im Unterschied zur offenen Bauweise wird bei der halbhermetischen Abwärme des Antriebsmotors vom Kältemittel aufgenommen. Der Motor ist somit **sauggasgekühlt**;

seine Abwärme dringt nicht nennenswert an die Umgebungsluft,

wodurch sich die unerwünschte Erwärmung von Maschinenräumen verringert. Ferner entfällt die störanfällige Wellenabdichtung offener Verdichter. Das Betriebsgeräusch wird durch die Kapselung deutlich reduziert, die kompakte äußere Form beansprucht wenig Platz (Abbildung 15).

Abbildung 15: Schnitt durch einen halbhermetischen Verdichter
Werkfoto DWM

Halbhermetische Verdichter haben sich gegenüber anderen Bauarten weitgehend durchgesetzt und dürfen heute als völlig ausgereift betrachtet werden. Zwar ist eine sorgfältige Montage nach wie vor erforderlich, dank konstruktiver Maßnahmen zum Schutz der Motoren sind früher häufig geäußerte Bedenken gegen diesen Verdichtertyp jedoch unbegründet.

3.3.3 Vollhermetischer Kolbenverdichter

Wie sein Name besagt, handelt es sich bei diesem Verdichtertyp um ein **vollständig gekapseltes** Gerät. Motor und Verdichter sind in einem verschweißten, gasdichten Gehäuse untergebracht. Die verlängerte Motorwelle hat die Form einer Exzenterwelle und überträgt ihre Drehbewegung direkt auf die Zylinderpleuel.

Weil die bei offenen und halbhermetischen Verdichtern aufwendigen Dichtungen an Verschraubungen, Deckeln, Wellen usw. bei vollhermetischer Bauweise nicht erforderlich sind, haben diese Geräte einen sehr günstigen Preis. Reparaturen sind allerdings nicht möglich, es sei denn seitens des Herstellers und selbst dann nur unter großem Aufwand. Auch eine Ölstandskorrektur ist nur schwer durchführbar.

Vollhermetische Verdichter dienen in erster Linie zur Ausrüstung von Seriengeräten wie Kühlschränken, Klimageräten, Kühltheken usw. Wegen ihres günstigen Preises werden jedoch immer größere Verdichter dieses Typs hergestellt, die auch bei nicht serienmäßigen Anlagen mit gutem Erfolg eingesetzt werden können.

Ihre Verwendung sollte aber auf einfache, überschaubare Kältekreisläufe beschränkt bleiben.

Sichergestellt sein muß vor allem die Ölrückführung des vom Kältemittel mitgeführten Maschinenöls, da mangels einer Ölpumpe die Überwachung des Öldrucks fehlt.

3.3.4 Der Schraubenverdichter

Der Schraubenverdichter wurde bis vor wenigen Jahren nur in Großkälteanlagen eingesetzt. Dank seiner einfachen und kompakten Konstruktion findet er aber immer häufiger auch in kleineren Anlagen Verwendung.

In einem präzise gearbeiteten Gehäuse drehen sich zwei ineinander verzahnte Schrauben, so daß in Drehrichtung der Spalt zwischen den beiden Gewinden immer schmaler wird. Diese beiden **Schrauben** nennt man **Rotoren**. Absaugen und Verdichten erfolgen dadurch, daß das aus dem Verdampfer angesaugte Kältemittel von den **Zahnkanten** der Rotore in deren **Zahnlücken** verdrängt und in Drehrichtung gefördert wird. Da die Rotoren gegen das Gehäuse wie auch untereinander abgedichtet sein müssen, wird in die Zahnlücken ständig Öl eingespritzt, wozu ein separater Ölkreislauf erforderlich ist. Im verdichteten Kältemittel befindet sich sehr viel Öl, das im nachgeordneten Ölabscheider vom Kältemittel getrennt und in einem Behälter gesammelt wird. Von dort führt es die Ölpumpe wieder dem Verdichter zu. Das Öl muß fortwährend gekühlt werden, denn es nimmt vom verdichteten Kältemittel eine erhebliche Wärmemenge auf. Diese Wärme braucht nicht mehr im Kondensator abgeführt zu werden.

Vorteile der Schraubenverdichter:

- unempfindlich gegen flüssiges Kältemittel, weil Arbeitsventile fehlen;
- kompakte Bauweise;
- für sehr hohe Drehzahlen geeignet, daher auch für den Antrieb mit Verbrennungsmotoren tauglich;
- sinnvolle Verbundschaltungen mehrerer Verdichter mit gemeinsamen Ölvorrat.

3.3.5 Aggregate

Kältemaschinen bestehen aus einer Vielzahl von Bauteilen: Verdichtern, Antrieben, Verdampfern, Kondensatoren, Armaturen, Regelgeräte usw. Sind die Bauteile auf einem gemeinsamen Grundgestell montiert, so spricht man von einem **Aggregat**.

Werkfoto
REISNER

Abbildung 16

3.4 Funktionsvoraussetzungen von Verdichtern

3.4.1 Ölversorgung

Verdichter bedürfen einer fortwährenden Schmierung durch ein geeignetes Öl. Bei Kolbenverdichtern befindet sich das Öl im Kurbelgehäuse; um an die Lagerstellen und Dichtflächen zu gelangen, wird es bei kleinen Maschinen von einer Schleuder in den Bewegungsbereich des Kolbens befördert **(Schleuderschmierung)**.

Größere Maschinen besitzen eine **Ölpumpe**, die das Öl aus dem Kurbelgehäuse saugt und es durch eine Bohrung in der Welle sowie ein **Filtersieb** an die Schmierstellen fördert.

Ein Teil des Öls verläßt mit dem Kältemittel druckseitig den Verdichter und zirkuliert durch den Kältekreislauf. Dessen Rohrleitungen müssen darum so verlegt sein, daß eine **Rückführung des Öls** sichergestellt ist (vgl. Kapitel 8.3). Einige Zeit nach der Inbetriebnahme muß der Ölstand kontrolliert und gegebenenfalls korrigiert werden.

Kältemaschinen-Öle müssen extrem rein sein. Der hohe Reinheitsgrad ist an der sehr **hellgelben Färbung** des Öls zu erkennen. Um den Zustand des Öls vor Ort überprüfen zu können, bedient man sich chemischer Reagenzien; dabei handelt es sich um Indikator-Substanzen, die sich bei Säure- oder Feuchtigkeitsgehalt verfärben.

Während der Wartung ist beim Umgang mit Öl besondere Sorgfalt geboten. Wegen der Feuchtigkeitsaufnahme aus der Luft dürfen Ölbehälter nicht geöffnet bleiben. Mit speziellen Handpumpen kann das Öl der Kältemaschine entnommen werden. Nach jedem Eingriff muß die Maschine evakuiert werden.

Der jeweiligen Verdampfungstemperatur und des jeweiligen Kältemittels entsprechend werden bestimmte Ölsorten benötigt, die vom Verdichterhersteller vorgeschrieben sind.

Kältemittel (außer Ammoniak) vermischen sich mit Öl in jedem Verhältnis, sie **gehen miteinander in Lösung**. Das bedeutet, daß sich die Moleküle des Öls sehr intensiv mit denen des Kältemittels vermischen. Es gibt jedoch Temperaturbereiche, in denen diese Voraussetzung nicht erfüllt ist. Wird ein solcher Temperaturbereich beschritten, so erfolgt plötzlich eine Entmischung. Dieses Phänomen wird als **Mischungslücke** bezeichnet; z. B. schwimmt dabei am Boden des Kurbelgehäuses auf einer Schicht des schwereren Öls das flüssige Kältemittel; letzteres wird beim Start angesaugt, was zu einer Zerstörung des Verdichters führt.

3.4.2 Sicherheitskette

Zuverlässige Funktion und Betriebssicherheit einer Kühlanlage erfordern eine Reihe von Überwachungsmechanismen.

3.4.2.1 Öldruck-Überwachung

Die etwas größeren Verdichter besitzen eine eigene Ölpumpe, die den Öldruck aufbaut. Mit Hilfe eines Manometers ist der **Öldruck** meßbar; er liegt minimal 0,7 bar über dem im Kurbelgehäuse anstehenden Saugdruck. Zur Überwachung dient ein **Öl-Differenzdruckschalter**, der über zwei Druckanschlüsse verfügt, von denen einer den Kurbelgehäuse-Druck, der andere den eigentlichen Öldruck aufnimmt. Der für den Öldruck maßgebliche Wert ist die Differenz; ist diese zu gering, wird der Verdichter abgeschaltet.

Im Stillstand des Verdichters ist der Öldruck noch nicht aufgebaut, der Druckschalter geöffnet. Damit die Maschine überhaupt anläuft, wird der Druckschalter kurzzeitig (60 bis 120 Sekunden) überbrückt. Während dieser schutzlosen Phase ist die Maschine sehr gefährdet.

3.4.2.2 Kurbelwannen-Heizung

Öl und Kältemittel neigen zur Vermischung. Im Stillstand der Maschine bewegt sich das Kältemittel in Richtung Verdichter, wenn dieser in sehr kühler Umgebung steht. Dabei kann die Vermischung so weit zunehmen, daß das Öl seine Schmierfähigkeit verliert. Um dies zu verhindern, wird in die Kurbelwanne eine **Ölsumpf-Heizung** eingebaut. Im Stillstand der Maschine muß diese Heizung stets in Betrieb sein.

Aufgrund der Mischungslücke kann sich auch Kältemittel in reiner Form im Kurbelgehäuse befinden. Dies wird durch Beheizung vermieden.

3.4.2.3 Druckgas-Überhitzungsschutz

Das Kältemittel verläßt den Verdichter als Heißgas. Die hohe Temperatur entsteht durch die Aufnahme der in Wärme umgesetzten Antriebsleistung des Verdichters. Daraus folgt, daß die Temperatur noch weiter steigt, wenn das Sauggas eine zu niedrige Dichte hat: bei defekter Kältemittel-Einspritzung, Kältemittel-Mangel oder falsch gewähltem Einsatzbereich der Maschine. Zum Schutz vor Überhitzungsschäden ist in die Zylinderdeckel ein Thermofühler eingebaut, den man als **Druckgas-Überhitzungsschutz** bezeichnet.

Auch ein durch Luft verunreinigtes System führt zu höheren Temperaturen, die ihrerseits chemische Zersetzungen verursachen.

3.4.2.4 Überdruck-Sicherung/Sicherheitsventile

In einer Kälteanlage steigt der Druck, wenn die Wärme im Kondensator nicht mehr abgeführt werden kann, weil z. B. die Umgebungstemperatur zu hoch ist, die Kondensator-Lamellen verschmutzt oder Ventilatoren defekt sind usw. Zur Verhinderung eines Überdrucks dient ein Druckschalter, der die Anlage bei Druckanstieg unverzüglich außer Betrieb setzt.

Im Rahmen der Unfallverhütungsvorschriften gibt es genaue Vorschriften zur Drucksicherung in Kälteanlagen (siehe Tabelle im Anhang).

Man unterscheidet:

- **Überdruckschalter** (schalten bei wieder sinkendem Druck selbsttätig zurück),
- **Überdruck-Begrenzer** (müssen nach dem Schalten durch Betätigung eines Rückstellknopfes entriegelt werden),
- **Überdruck-Sicherheitsbegrenzer** (müssen zur Entriegelung mit einem Schraubendreher geöffnet werden).

Anlagen mit großen Kältemittel-Sammlern benötigen zudem ein **Sicherheits-Abblasventil**, das bei zu großem Druckanstieg das Kältemittel ins Freie entläßt. Dazu ist eine fest verlegte Leitung erforderlich, die vom Maschinenraum ins Freie führt.

3.4.2.5 Unterdrucksicherung

Auch saugseitig arbeitet eine Kühlanlage mit einem definierten Druck, der vor allem von der Verdampfungstemperatur abhängt, die bei der Planung gewählt wurde. Abweichungen von diesem Druck weisen auf Probleme hin.

Unterdruck entsteht bei Kältemittel-Mangel, Verstopfungen, defektem Expansionsventil und Vereisungen. Eine Unterdrucksicherung schaltet die Maschine in solchen Fällen ab.

3.4.2.6 Absaugschaltung (Pump-down)

Oft wird der Unterdruckschalter auch genutzt, um für die Maschine den Ein- und Ausschaltvorgang durchzuführen. Ein Magnetventil in der Flüssigkeitsleitung schließt, wenn der Thermostat die weitere Kühlung unterbricht. Dann sinkt der Kältemitteldruck und die Anlage schaltet ab. Der Vorteil besteht darin, daß das Kältemittel in den Sammler abgesaugt und somit eine Verlagerung unterbunden wird. Diese Schaltung wird **Pump-down** oder **Absaugschaltung** genannt. Sie ist vor allem bei verzweigten Verbundsystemen interessant.

3.4.2.7 Thermistor-Vollschutz

Um den Antriebsmotor des Verdichters vor den Folgen einer Überlastung oder ungenügenden Kühlung zu schützen, befinden sich in seiner Wicklung **Thermo-Fühler**, dank derer Verbrennungen der Wicklung nahezu ausgeschlossen scheinen.

3.4.3 Leistungsregelung

Kältemaschinen werden häufig in Bereichen eingesetzt, in denen sie wechselnder Belastung unterliegen. Es gibt verschiedene Methoden, die Leistung möglichst verlustarm dem jeweiligen Bedarf anzupassen.

Jede Leistungsregelung sorgt für eine Reduzierung des Kältemittelmassenstromes, der so an den augenblicklichen Bedarf angepaßt wird.

3.4.3.1 Heißgas-Bypass

Hierbei handelt es sich um eine Rohrleitung, die unter Umgehung des Verdichters die Druckleitung mit der Saugleitung verbindet. Sie ist mit einem **Konstantdruckventil** versehen, das auf den Saugdruck reagiert. Sinkt mit der Belastung der Anlage der Saugdruck, so öffnet dieses Ventil und läßt Heißgas in die Saugleitung strömen. Das Resultat ist ein „Abschöpfen“ bereits erbrachter Verdichterleistung.

Dabei wird mit **zunehmenden Öffnungsgrad des Ventils die Druckleitung immer heißer**. Um dies zu vermeiden, wird zur Abkühlung (Aufnahme der Überhitzungswärme) flüssiges Kältemittel über ein Expansionsventil in die Saugleitung gegeben, und zwar so, daß eine gute Durchmischung stattfindet.

Alternativ wird das Heißgas bisweilen unmittelbar hinter dem eigentlichen Expansionsventil eingegeben, so daß es sich mit dem ohnehin eingespritzten Kältemittel vermischt (Abbildung 17).

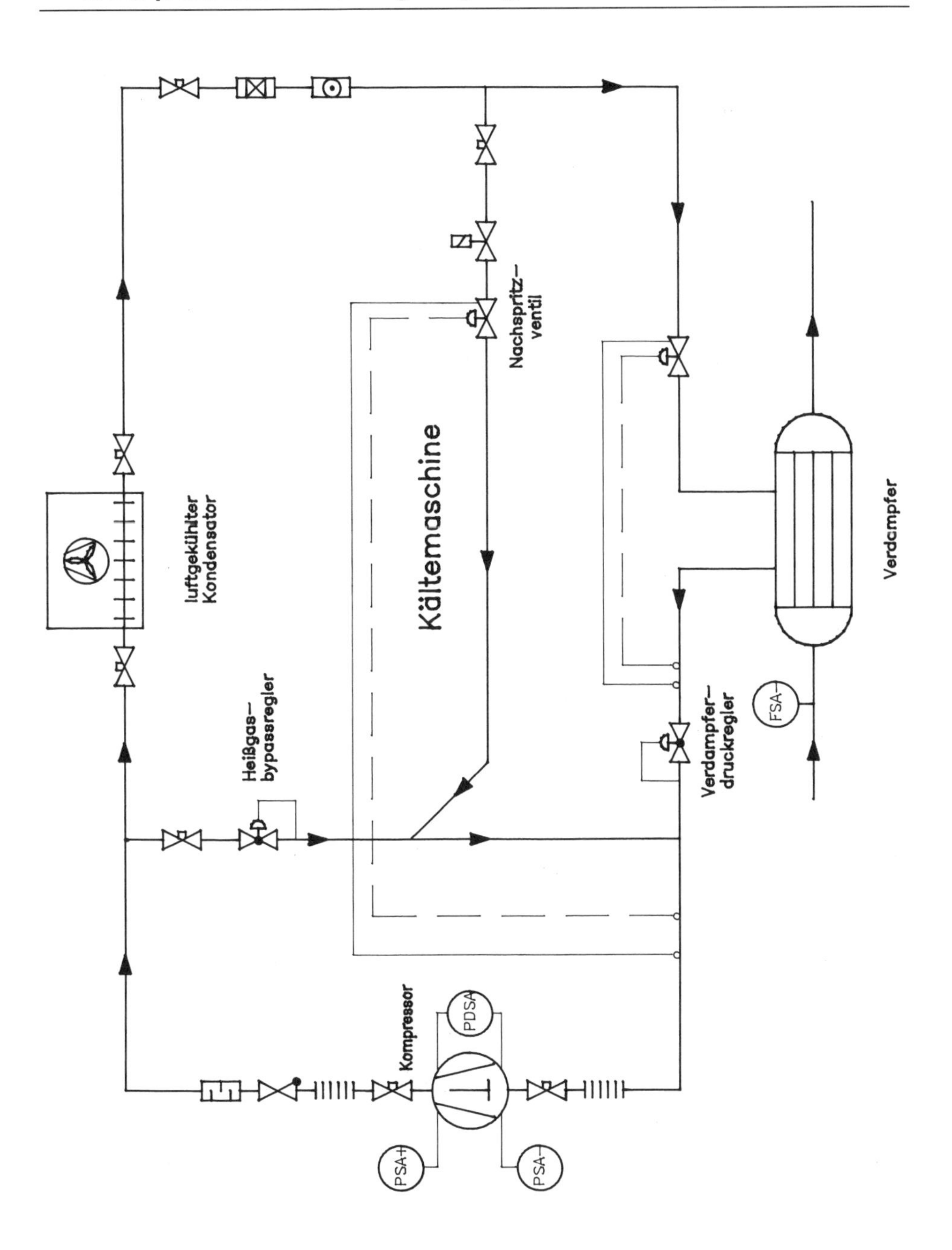

Abbildung 17

3.4.3.2 Zylinder-Abschaltung

Diese Form der Leistungsregelung ist nur bei mehrzylindrigen Verdichtern möglich; die stets paarweise Zylinder-Abschaltung erfolgt durch magnetisch bewirktes **Anheben der Ventilplättchen**.

Auf diese Weise kann ein sechszylindriger Verdichter in drei Stufen geschaltet werden, ein vierzylindriger in zwei Stufen.

Auch hier ist der Saugdruck maßgeblich für den von Pressostaten ausgelösten Schaltvorgang.

Diese Methode der Leistungsregelung ist sehr verlustarm; der Wirkungsgrad des Antriebs verändert sich lediglich infolge der geringeren Belastung cos φ des Antriebsmotors sowie der Reibungsverluste der leerlaufenden Kolben.

Häufig wird die Zylinder-Abschaltung mit einem Heißgas-Bypass kombiniert, wobei die Bypass-Regelung erst in Aktion tritt, nachdem bereits Zylinder abgeschaltet wurden.

Abbildung 18

Werkfoto
REISNER

3.4.3.3 Verbundanlagen

Verbundanlagen stellen die eleganteste Form der Leistungsregelung dar; mehrere, dem gleichen Kältekreislauf zugehörende Verdichter werden lastabhängig zu- oder abgeschaltet. Sie werden häufig in Kühlraumgruppen, Supermärkten u. ä. eingesetzt (Abbildung 18).

Wiederum erfolgt die Regelung über den Saugdruck, hier jedoch mit Hilfe einer **Schrittschaltung** und einem **Pressostaten mit sogenannter neutraler Zone**.

4. Kältemittel

Das Kältemittel ist derjenige Stoff, der in einer Kühlanlage **zirkuliert**, in ihr **verdampft**, **verdichtet** und **verflüssigt** wird. Die notwendigen Wechsel seines Aggregatzustandes setzen voraus, daß Siede- und Verflüssigungspunkt bei Druckverhältnissen liegen, die mit technischen Mitteln realisierbar sind.

An ein ideales Kältemittel werden zahlreiche Anforderungen gestellt:

1. ein geringes Dampfvolumen, damit die volumetrische Leistung der Verdichter gering bleiben kann;
2. ein tiefliegender Verflüssigungsdruck, damit die Verdichter wenig belastet werden;
3. keine Aggressivität gegenüber Bauteilen und Schmierstoffen;
4. nicht brennbar;
5. ungiftig, kein schädigender Einfluß bei Berührung mit Lebensmitteln;
6. mit einfachen Methoden in der Umgebungsluft nachweisbar, damit Undichtigkeiten schnell auffindbar sind;
7. chemisch stabil, so daß es auch unter extremen Bedingungen nicht in seine atomaren Bestandteile zerfällt;
8. gutes Mischungsverhalten gegenüber Öl.

Aus Gründen des Umweltschutzes sind im Bereich der Kältemittel in den nächsten Jahren erhebliche Veränderungen zu erwarten. So werden sich auch die Anforderungen noch einmal erweitern. Es wird zusätzlich verlangt:

9. kein Einfluß auf die Ozonschicht in der Stratosphäre;
10. verminderte Lebensdauer in der Atmosphäre;
11. reduzierte Treibhauswirksamkeit.

In der Zeit nach 1930 wurde eine Gruppe von Stoffen entdeckt, die den ersten acht Anforderungen sehr nahe kommen. Ihre Moleküle enthalten die Elemente **Fluor** (chem. Zeichen F), **Chlor** (Cl), **Kohlenstoff** (C) und **Wasserstoff** (H). Darum heißen diese Stoffe **Fluorchlorkohlenwasserstoffe** (FCKW). Sie werden in der Kältetechnik mit einem R für „Refrigeration“ (englisch für „Kühlung“) bezeichnet. Eine auf das R folgende Zahl dient der genauen chem. Beschreibung des Kältemittels.

Die Schädlichkeit unserer Kältemittel wurde in ihrer Schärfe erst in den letzten Jahren erkannt. Um die Zusammenhänge zu verstehen und aus diesem Verständnis heraus verantwortungsbewußt damit umzugehen, ist ein näherer Einstieg in die Chemie der Kältemittel notwendig.

4.1 Zusammensetzung

Die vier Kältemittel-Sorten Ammoniak, Kohlendioxid, Methylformiat und Schwefeldioxid sind chemische Zusammensetzungen aus dem Bereich der **„Anorganischen Chemie“**. Ihr Umweltverhalten ist nicht so problematisch. Ihre Kurzzeichen beginnen auch mit einem R. Dies hängt mit einer amerikanischen Norm zusammen.

Andere Kältemittel gehören in ihrer Zusammensetzung in den Bereich der **„Organischen Chemie“**.

Dies ist die **Chemie der Kohlenstoff-Verbindungen**. Kohlenstoff ist ein Element mit dem chem. Zeichen C.

Über Elemente, Moleküle und Elektronen wurde am Anfang dieses Buches gesprochen. Die Zusammensetzung der Moleküle wird in der chemischen Formel dargestellt, wobei die Buchstaben für das entsprechende Element stehen und die Zahl dahinter für die Anzahl der Atome des Elementes in dem Molekül.

Um den Atomkern herum kreisen auf festgelegten Bahnen die Elektronen. Diese Bahnen heißen auch Elektronen-Schalen. Elemente haben das Bestreben, ihre äußere Schale nach bestimmten Gesetzmäßigkeiten aufzufüllen oder abzubauen. Das bedeutet, sie ziehen Elektronen von anderen Atomen an, die welche abgeben wollen. Dabei verbinden sich zwei Elektronen je verschiedener Atome miteinander zu einem Elektronenpaar und kreisen gemeinsam um die Atomkerne herum.

So bleiben also die Atomkerne als solche erhalten, es entsteht aber durch die Verbindung ein völlig neuer Stoff in Form eines Moleküls. Diese Anziehung erfolgt äußerst vehement. Meistens wird Energie frei. Es handelt sich um eine chemische Reaktion*).

Die Gesetzmäßigkeit, nach der die Elemente ihre Elektronenschalen ergänzen, nennt man **Wertigkeit**. Ist ein Element **einwertig**, so sucht es nach einem weiteren Elektron. Ist es **zweiwertig**, so sucht es zwei weitere Elektronen aus anderen Atomen.

So ist das Element Wasserstoff einwertig, weil es immer auf der Suche nach einem weiteren Elektron ist. Ist Wasserstoff in reiner Form gegeben, so „paaren“ sich zwei Elektronen zweier Wasserstoff-Atome und kreisen um die beiden Atomkerne. Es entsteht das Wasserstoffmolekül, welches aus zwei Atomen Wasserstoff besteht.

*) Auch hier ist im Sinne des Verständnisses eine ganz grobe Vereinfachung vorgenommen. Wir beziehen uns hier auf das Bohrsche Atommodell und das kimbbelsche Kugelwolkenmodell.

Man stellt es so dar:

$$H_2$$

Will man die Bindung darstellen, so schreibt man

$$H-2$$

Dies nennt man die **Strukturformel**. Der Strich steht für das Elektronenpaar und damit für die Anzahl der Bindungen.

Die FCKW-Kältemittel bestehen aus folgenden Elementen:

Element	chem. Zeichen	Wertigkeit	Struktur
Kohlenstoff	C	4	– C –
Wasserstoff	H	1	H –
Chlor	Cl	1	Cl
Fluor	F	1	F
Brom	Br	1	Br

Aus diesen wenigen Elementen kann man eine große Zahl chemischer Verbindungen um das Kohlenstoff-Atom herum erzeugen, weil dieses nach so vielen zusätzlichen Elektronen begehrt, nämlich vierwertig ist und folgende Struktur aufweist:

```
  |
– C –
  |
```

Es würden sich also beim Zusammentreffen mit reinem Wasserstoff vier Elektronen der einwertigen Wasserstoffatome H mit dem vierwertigen Kohlenstoffatom verbinden und es entsteht das Molekül des Methan CH_4 mit folgender Struktur:

```
    H
    |
H – C – H
    |
    H
```

Man spricht hier von einem **Kohlenwasserstoff**.

Nun kann man aus dem Methan die Wasserstoffatome abspalten und durch Fluor- und Chloratome **ersetzen**. In dieser Kombination entsteht das Kältemittel R 12 mit der Zusammensetzung $C\,Cl_2\,F_2$ und der Struktur

```
        Cl
        |
   Cl — C — F
        |
        Cl
```

So lassen sich auf der Basis des Methan CH_4 viele Kombinationen, auch mit Fluor, Chlor und Brom bilden.

Die Kältemittel sind chem. sog. **Methan-Derivate (Derivat = Abkömmling)**.

4.2 Halogene, halogeniert, teilhalogeniert

Fluor und Chlor verbinden sich gern mit Metallatomen. So gibt es z. B. das Molekül der Salzsäure HCl, also eine Verbindung aus Wasserstoff und Chlor. Das Hinzutreten eines Metalles wie Natrium (Na) bewirkt, daß das H-Atom verdrängt wird vom Na-Atom und es entsteht der Stoff NaCl. Dies ist das uns bekannte Kochsalz. Von daher nennt man die Stoffe Fluor und Chlor auch **Salzbildner = Halogene**.

Daraufhin gibt es für diese Kältemittel die in den Medien häufig erwähnten Bezeichnungen:

FKW für Fluorkohlenwasserstoff, in denen kein Chlor enthalten ist.

FCKW für Fluor-Chlor-Kohlenwasserstoffe.

H-FCKW für teilhalogenierte Fluor-Kohlenwasserstoffe, in dem auch noch ein Wasserstoff verblieben ist.

Halogeniert heißt, es befinden sich Halogene = Salzbildner wie Fluor und Chlor im Molekül.

Teilhalogeniert heißt, daß sich anstelle eines Halogens immer noch ein Wasserstoffatom im Molekül aufhält. Beispiel R 22 mit der Zusammensetzung $CHClF_2$.

Einige dieser Stoffe haben sich dann als besonders geeignet für die Kältetechnik gezeigt. Eine Tabelle der wichtigsten Kältemittel ist im Anhang aufgeführt und nachfolgend besprochen.

4.3 Die Bezeichnung der Kältemittel (Nomenklatur)

Kältemittel tragen als Namensanfang ein R, welches für „Refrigeration" (engl. Kältetechnik) steht. Darauf folgt eine Zahlen- und Buchstabenkombination, aus der sich die Zusammensetzung aufschlüsseln läßt. Dafür gilt folgende Regelung:

1. Die Einerstelle gibt die Anzahl der Fluor-Atome an.
2. Die Zehnerstelle um 1 vermindert gibt die Anzahl der Wasserstoffatome an. Gibt es kein Wasserstoffatom, so gibt es automatisch 2 Chloratome. Gibt es ein Wasserstoffatom, so gibt es automatisch 1 zusätzliches Chloratom.
3. Die Hundertstelle um 1 vermehrt gibt die Anzahl der Kohlenstoffatome an.
4. Manche Kältemittel enthalten anstelle des Chlors das Element Brom. Dann erscheint hinter der Zahl das Element Brom und dahinter die Anzahl der Brom-Atome.
5. Ein kleines a weißt auf eine zusätzliche Bindung zweier Kohlenstoffatome im Molekül hin (siehe R 134a).
6. Gemische, die so abgestimmt sind, daß sie sich wie ein **homogener Stoff** verhalten, also **azeotrop** sind (siehe R 502), werden willkürlich mit einer dreistelligen Nummer versehen, die mit einer 5 anfängt.

Nachfolgend einige Beispiele

1. R 1 2

Hunderterstelle um 1 vermehrt = Anzahl der Kohlenstoffatome, hier 1 Kohlenstoffatom

R . 1 2 ⇨ CCl_2F_2

Zehnerstelle um 1 vermindert = Anzahl der Wasserstoffatome, hier also kein Wasserstoffatom

Einerstelle = Anzahl der Fluoratome

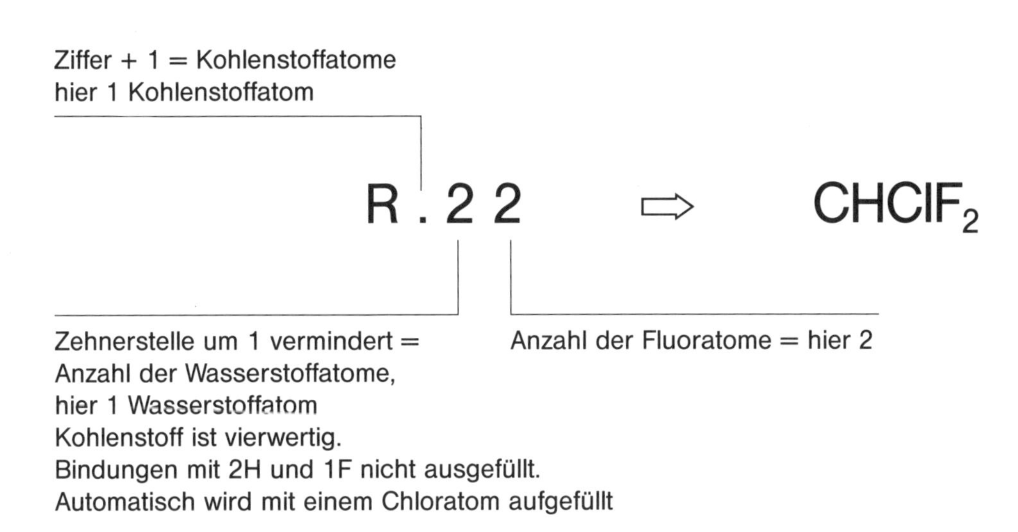

Kohlenstoff ist vierwertig.
Bindungen mit 2H und 1F nicht ausgefüllt.
Automatisch wird mit einem Chloratom aufgefüllt

4.4 Umweltprobleme

4.4.1 Ozonabbau

Die bestehenden Kältemittel schienen alle Voraussetzungen zu erfüllen, die Umwelt nicht zu belasten. Die Luft besteht zu 99,9 % aus den Elementen **Stickstoff, Sauerstoff** und **Argon**.

Jedoch wurde bereits in den 50er Jahren nachgewiesen, daß einige Gase, die nur in geringen Mengen in der Luft zusätzlich enthalten sind, maßgeblichen Einfluß auf die gesamte Atmosphäre ausüben.

In den letzten 20 Jahren wurde das sog. **Ozonloch** entdeckt. Dieses bedeutet für die Menschen eine große Gefahr, weil es gesundheitsschädliche ultraviolette Strahlen der Sonne zu uns hindurchläßt. Es wurde nachgewiesen, daß die FCKW-Gase, also auch unsere Kältemittel, einen maßgeblichen Anteil an der Vernichtung des Ozons in unserer Lufthülle haben. Deshalb werden die Kältemittel verboten, in deren Moleküle das Atom des Chlor enthalten ist.

Die Atmosphäre, also unsere Lufthülle, besteht aus verschiedenen Schichten, wobei die sog. Stratosphäre hier besonders wichtig ist. Die Temperatur in der Stratosphäre nimmt in Höhen von 30 bis 50 km zu, und zwar von – 60° C auf + 5° C. Dies liegt daran, daß in dieser Schicht besonders viel Ozon vorhanden ist. Der Stoff Ozon hat die Eigenschaft, die UV-Strahlung der Sonne zu absorbieren (aufzunehmen).

Diese Energieaufnahme führt zu einer Erhöhung der Schwingungen der Ozonmoleküle und damit zur Temperaturerhöhung der Stratosphäre. Damit bewahrt uns die Ozonschicht vor zu großer UV-Strahlung am Boden.

Die UV-Strahlung kann in besonderem Maße in chemische Prozesse eingreifen. Davon sind zwei besonders wichtig:

1. Sauerstoff verbindet sich mit einem zweiten Sauerstoffatom zu einem Molekül O-O, bzw. O_2. Dort in der Stratosphäre entsteht eine Struktur von O_3, die nicht sehr stabil ist, das ist Ozon.

   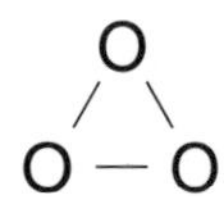

   Ozon ist ein Stoff, der nur aus dem Element Sauerstoff besteht. Drei Atome Sauerstoff sind in der Lage, sich miteinander zu einem Molekül zu verbinden. Die UV-Strahlung fördert die Bildung von normalem Sauerstoff zu Ozon, bricht aber zugleich die Moleküle auch wieder auf, so daß die einzelnen Sauerstoffatome dann wieder einzeln vorhanden sind.

2. UV-Strahlung kann auch FCKW-Moleküle aufbrechen, die doch sonst so absolut stabil sind. Dabei entstehen einzelne freie Chloratome, die sich mit den einzelnen Sauerstoffatomen verbinden, so daß der Sauerstoff dann zu erneuten Ozonbildung nicht mehr zur Verfügung steht. Die Chlor-Sauerstoffverbindungen werden auch wieder aufgebrochen, so daß die Chloratome immer wieder für neue Sauerstoffbindungen zur Verfügung stehen. Es entsteht also so etwas wie eine permanente Reaktion.

   So kann einmal in die Stratosphäre gelangtes FCKW einen dauernden Schaden anrichten.

   Chemisch kann man etwa schreiben:

   O_3 + UV-Strahlung ergibt drei einzelne O = 3 O

   CF_2Cl_2 + UV-Strahlung ergibt CF_2Cl + einzelnes Cl-Atom

   wobei CF_2Cl noch andere Reaktionen eingehen muß, weil es ein Cl verloren hat. Dieses verbindet sich mit den einzelnen Sauerstoffatomen. (Die Gesamtreaktion ist äußerst komplex.)

   Diese Schäden sind besonders langfristig zusehen. Es dauert ja auch so lange, bis diese FCKW in die Stratosphäre kommen. Die momentane Zerstörung unserer schützenden Ozonschicht erfolgt u.a. durch Kältemittel, die vielleicht vor 30 Jahren entwichen sind.

4.4.2 Der Treibhauseffekt

Die Sonne transportiert im Mittel eine Wärmemenge von 1360 W/m^2 zur Erde. Davon werden ca. 30 % durch Wolken, Staub und Gase zurückgeworfen. Dafür sind auch Landflächen ohne Vegetation mit verantwortlich. Die zurückgeworfene Strahlungswärme nennt man Albedo.

Ein Teil dieser Energie wird nun wiederum zur Erdoberfläche zurückgeworfen. **So gibt es eine Wärmestrahlung, die zwischen der Erdoberfläche und der Atmosphäre hin und her bewegt wird.** Ein Teil wird auch ins Weltall abgestrahlt.

Für die Erde ergibt sich somit eine gewisse Wärmemenge, die im Mittel für eine Temperatur von + 13°C sorgt.

Spurengase wie die FCKW, aber auch FKW, sind hervorragend in der Lage, Strahlungswärme im infraroten Bereich zu binden. Dadurch wird weniger Wärme ins Weltall abströmen und die Erdoberfläche erwärmt sich.

4.4.3 Entwicklungen

Die Lebensdauer der Kältemittel muß reduziert werden. So stabile Stoffe wie FCKW sind ökologisch ungeeignet. Deshalb werden neue Kältemittel entwickelt, die kein Chlor und Brom enthalten. Wasserstoffatome innerhalb des Moleküls sorgen für eine kürzere Lebensdauer, so daß der Stoff gar nicht bis in die Stratosphäre gelangt. Kältemittel wie R 12 und R 502 werden verboten. R 22 hat ein Wasserstoffatom und wird daher noch eine Weile benutzt.

4.4.4 Meßdaten für umweltschädigendes Verhalten von Kältemitteln

Das Umweltverhalten der Kältemittel drückt man in drei Daten aus:

1. Ozonabbaupotential ODP

   OdP = Ozone depletion potential

2. Atmosphärische Lebensdauer ALD

   ALD = Zeit, nach der noch eine Menge von $\frac{1}{273}$ Ausgangsmenge vorhanden ist.

3. Treibhauspotential HGWP

   HGWP = Halocarbon global warming Potential

Eine entsprechende Tabelle ist im Anhang abgebildet.

Molekülstrukturen in Bildern

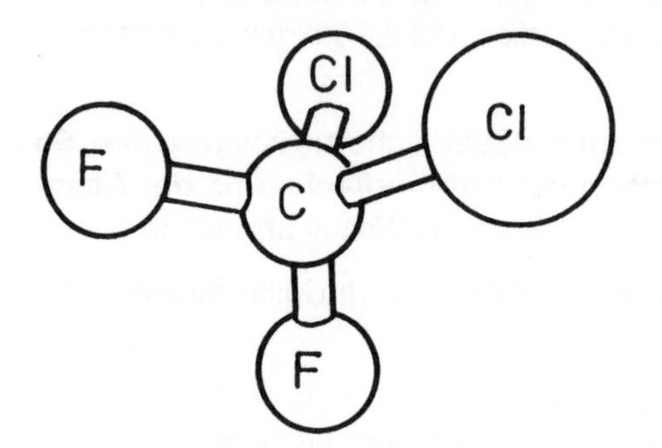

Vollhalogenierter FCKW 12:
1 Kohlenstoff-Atom bindet
2 Chlor- + 2 Fluor-Atome = CCl_2F_2

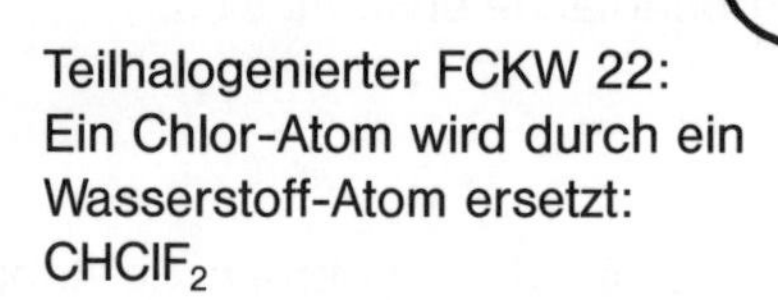

Teilhalogenierter FCKW 22:
Ein Chlor-Atom wird durch ein
Wasserstoff-Atom ersetzt:
$CHClF_2$

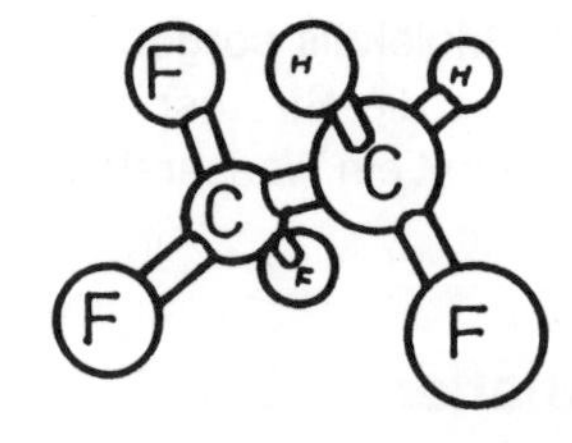

R 134a:
das letzte Chlor-Atom
wird durch ein weiteres
Wasserstoff-Atom ersetzt:
$CH_2F\text{-}CF_3$

4.5 Einige wichtige Kältemittel

4.5.1 R 12

Der volumetrische Kältegewinn von R 12 ist relativ gering, so daß in einer Kälteanlage eine recht große Menge dieses Kältemittels umgewälzt werden muß. Entsprechend groß müssen Bauteile wie Verdichter und Rohrleitungen dimensioniert sein. Die Druckverhältnisse sind relativ niedrig.

R 12 ist völlig ungiftig, seine chemische Zusammensetzung hat die Formel CCl_2F_2. Bei Temperaturen über 650°C zersetzt es sich, wobei Salzsäure und Fluorsäure entstehen. Die Zersetzung kann schon beginnen, wenn in der Nähe von R 12 mit offener Flamme Lötarbeiten ausgeführt werden.

R 12 mischt sich mit Öl in jedem Verhältnis. Im allgemeinen ist dies von Vorteil, der Kältemittelanteil des Gemisches darf jedoch nicht zu groß sein.

R 12 steht wegen der Umweltsituation auf der Verbotsliste.

Es soll durch das Mittel R 134a ersetzt werden.

4.5.2 R 22

R 22 hat die chemische Formel $CHClF_2$. Das Wasserstoffatom H sorgt dafür, daß die Umweltschädlichkeit geringer ausfällt als die von R 12.

Der volumetrische Kältegewinn von R 22 ist sehr hoch, was bei allerdings erhöhten Druckverhältnissen eine kompaktere Verdichterbauweise zuläßt.

R 22 wird inzwischen stets anstelle des besonders umweltgefährdenden R 12 bzw. R 502 eingesetzt. Im Tiefkühlbereich erfordert dies jedoch schon eine zweistufige Verdichtung, weil die Druckverhältnisse sonst zu sehr ansteigen.

Das im Kapitel 3.4.1 als Mischungslücke beschriebene Verhalten ist bei diesem Kältemittel sehr ausgeprägt.

4.5.3 R 502

R 22 hat bei geringem Volumen eine sehr hohe Kälteleistung, weswegen auch die Verdichtungsendtemperatur sehr hoch liegt. Dies trifft besonders auf den Tiefkühlbereich zu, da das Kältemittel hier im Ansaugzustand eine geringe Dichte besitzt; eine große Menge Arbeitswärme wird von einer rel. geringen Kältemittel-Masse aufgenommen. Zur Verbesserung wurde das Kältemittel R 502 geschaffen.

Dabei handelt es sich um ein Gemisch aus 48% R 22 und 52% R 115.

Das Mischungsverhältnis ist so abgestimmt, daß sich die beiden Komponenten wie ein neu entstandener homogener Stoff verhalten. Solch ein **„azeotropes Gemisch"** ist mit der Legierung von Metallen vergleichbar.

Aufgrund seiner geringen elektrischen Leitfähigkeit wird R 502 gern in Verbindung mit vollhermetischen Verdichtern eingesetzt.

Wegen seiner Umweltschädlichkeit wird R 502 verboten.

4.5.4 Ammoniak

Ammoniak wird schon seit den Anfängen der Kältetechnik als Kältemittel benutzt. Es hat heute wieder an Bedeutung gewonnen, weil es die Ozonschicht nicht zerstört. Ammoniak hat die chemische Formel NH_3 und ist chemisch sehr stabil. Sein thermisches Verhalten kommt dem des R 22 sehr nahe. Sein volumetrischer Kältegewinn ist enorm hoch, so daß nur dünne Rohrleitungen erforderlich sind.

Für den Betrieb mit Ammoniak vorgesehene Kälteanlagen müssen sehr anspruchsvolle Sicherheitsauflagen erfüllen. Der Einsatz halbhermetischer Verdichter ist nicht möglich; Rohrleitungen müssen aus Stahl gefertigt sein, weil Kupfer sofort zersetzt wird.

Mit Lebensmitteln darf Ammoniak nicht in Berührung kommen, weil es sich sofort in Wasser löst. Schon in geringster Konzentration riecht es sofort nach Salmiakgeist (dem Gemisch von Wasser und NH_3).

Da es sich mit Öl überhaupt nicht vermischt, werden Ammoniak- Kreisläufe so konstruiert, daß das Öl an tiefliegenden Stellen (Verdampferausgang o. ä.) abgelassen werden kann.

Wegen seines günstigen Preises wurde Ammoniak bisher immer bei sehr großen Anlagen verwendet (Kunsteisbahnen o. ä.).

4.5.5 R 134a

Dieses Kältemittel ist ein wahrscheinlich umweltfreundlicher Ersatz für R 12. Es hat die chem. Zusammensetzung CH_2F-CF_3. Es ist also chlorfrei. Die Bindung ist möglich, weil sich zwei Kohlenstoffatome miteinander verbunden haben.

Problematisch ist das Verhalten zu den Schmiermitteln im Kompressor. Die uns normal bekannten Öle lösen sich nicht mit R 134a, so daß dann auch die Ölrückführung nicht gewährleistet ist. Es gibt inzwischen künstlich hergestellte Öle, die sich Polyalkylen-Glykol nennen. Sie haben den Nachteil, daß sie sehr gern Wasser aufnehmen (hygroskopisch sind).

Obwohl alle Kälteanlagenbauer auf Sorgfalt im Umgang mit Feuchtigkeit an den Anlagen geschult sind, gilt hier noch einmal doppelte Vorsicht.

Wenn Anlagen von R 12 auf R 134a umgestellt werden sollen, dann werden sog. Esteröle eingesetzt. Hier muß auf extrem gute Trocknung und Evakuierung geachtet werden.

4.6 Kältemittel-Trockner

Kälte-Systeme müssen absolut sauber sein. Einen Beitrag hierzu leistet der Kältemittel-Trockner, der in keiner Anlage fehlt; meistens wird er in die Flüssigkeitsleitung eingebaut. Er hat die Gestalt eines zylinderförmigen Behälters, in dem Siebe befestigt sind. Zwischen diesen Sieben befindet sich das eigentliche Trockenmittel, bei dem es sich um eine Kombination unterschiedlicher Chemikalien handelt, die Wasser zu binden vermögen (Abbildung 19).

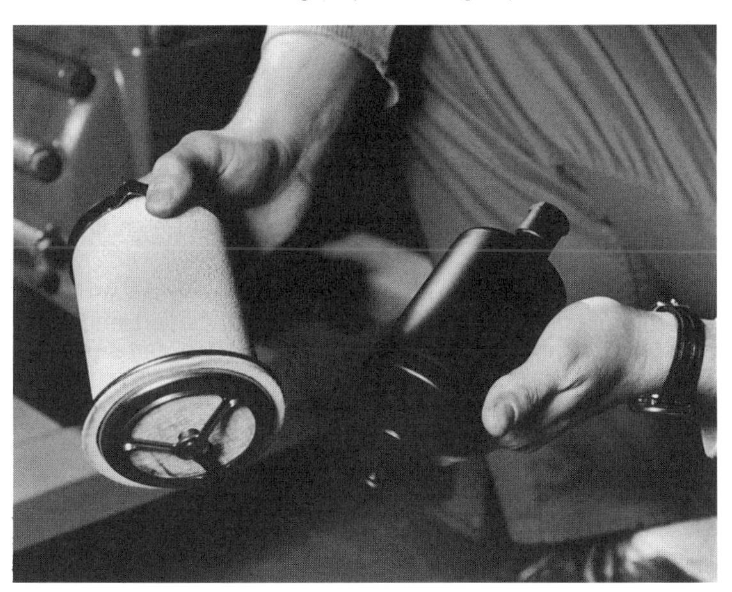

Abbildung 19

Die erste dieser Chemikalien heißt **Molekularsieb,** ein kristalliner Stoff. Zwischen den Kristallen befinden sich winzige Poren, in denen die Wasser-Moleküle festgehalten werden. Die Kältemittel-Moleküle werden nicht aufgehalten, weil sie wegen ihrer Größe nicht in die Poren eindringen können. Kaum vorstellbar ist, daß die innere Oberfläche von 1 g Molekularsieb etwa 700 m^2 entspricht. So können von 100 g Molekularsieb bei 50°C immerhin 18 g Wasser gebunden werden.

Ein weiteres Trockenmittel ist das Silica-Gel, das eine etwas geringere Oberfläche hat, im unteren Temperaturbereich das Wasser jedoch noch stabiler bindet.

Vor jeder Kältemittel-Einspritzung sollte ein Trockner plaziert werden; die Größe des Trockners sollte reichlich bemessen sein, um einen guten Effekt zu erzielen. Grundsätzlich ist der Trockner nach jedem Eingriff in den Kältekreislauf auszuwechseln.

Bei steigenden Temperaturen gibt ein gesättigter Trockner wieder Feuchtigkeit ab, so daß im Sommer an einer sonst einwandfrei arbeitenden Anlage Störungen auftreten können.

Feuchtigkeit in einer Anlage führt zu

- Korrosionen,
- einer Verbindung mit Kältemittel, einem Hydrat, das Einspritzdüsen verstopft,
- einem Einfrieren der Expansionsventil-Düsen.

4.7 Aufgaben

(Lösungen siehe Seite 158)

1. Eine Kälteanlage bringt bei einer Verdampfungstemperatur von $T_0 = 285$ K und einer Kondensationstemperatur von $T = 306$ K eine Kälteleistung von 17 830 KJ/h mit dem Kältemittel R 12. Unterkühlungstemperatur nicht berücksichtigt.
   a) Welches geometrische Hubvolumen hat der Verdichter bei $\lambda = 0,65$?
   b) Wie groß ist der Rauminhalt je Zylinder bei Zweizylinderbauart und einer Umdrehungszahl von $n = 960$/min?
2. Der in 1. genannte Verdichter werde mit R 22 betrieben. Welche Kälteleistung kann mit ihm unter gleichen Bedingungen gebracht werden?
3. Geben Sie eine mögliche Größe für Zylinderdurchmesser, Hub, Kolbengeschwindigkeit des Verdichters aus Aufgabe 1 an.

5. Wärmeaustausch und Wärmeaustauscher

Kühlanlagen bewirken einen stetigen Austausch von Wärme; das Kältemittel nimmt im Verdampfer die Wärme des Kühlgutes auf und gibt sie über den Kondensator wieder ab. Der durch den Austausch hervorgerufene Wärmestrom läßt sich berechnen.

Geräte, die dazu dienen, Wärme auszutauschen, bezeichnet man als Wärmeaustauscher.

5.1 Berechnung des Wärmeaustausches

5.1.1 Wärmedurchgang

Der einfachste Wärmeaustauscher zwischen Stoffen unterschiedlicher Temperatur ist eine Wand. Herrscht auf der einen Seite solch einer Wand eine Temperatur T_1, jenseits der Wand jedoch eine niedrigere Temperatur T_2, so entsteht ein **Wärmefluß von T_1 nach T_2**.

Ebenso wie die Stoffe auf beiden Seiten der Wand besteht auch die Wand selbst aus Molekülen. Durch Berührung werden die Wandmoleküle von den Molekülen des wärmeren Stoffes in stärkere Schwingungen versetzt, wobei die Moleküle des wärmeren Stoffes an Energie verlieren. Dieser Vorgang wiederholt sich zwischen den Wandmolekülen und den Molekülen des kälteren Stoffes jenseits der Wand; so entsteht eine Fortsetzung der **molekularen Bewegungsimpulse** „durch die Wand hindurch". Die Wärme wird durch die Wand hindurch geleitet, weswegen man diesen Vorgang als Wärmeleitung bezeichnet.

Wovon hängt nun die Größe der geleiteten und ausgetauschten Wärmemenge ab?

1. Vom Temperaturgefälle $(T_2 - T_1) = \Delta T$

   Je größer das Temperaturgefälle, um so intensiver ist der Wärmeaustausch.

2. Von der Wandoberfläche A.

   Je größer die Oberfläche der Wand, um so mehr Wärmeenergie wird transportiert.

3. Von der Wandstärke δ (delta).

   Je stärker die Wand, um so geringer ist der Wärmeaustausch.

4. Von der Fähigkeit der Wand, überhaupt Wärme zu leiten,

was von ihrer Molekülstruktur abhängt und mit der Wärmeleitzahl λ (Lambda) ausgedrückt wird.

Damit ergibt sich:

Gleichung 45:

$$\dot{Q} = \frac{\lambda}{\delta} A \, (T_{w2} - T_{w1}) \qquad [W]$$

λ = Wärmeleitzahl $\left[\frac{W}{mK}\right]$

δ = Schichtdicke [m]

A = Wandoberfläche [m^2]

T_{w2} = Oberflächentemperatur außen [K]

T_{w1} = Oberflächentemperatur innen [K]

Die Wärmeleitzahl ist rechnerisch schwer erfaßbar. Sie wird darum für die verschiedenen Stoffe durch Versuche ermittelt. Die Messung des Wärmestroms durch eine **auf ein Bezugsmaß verallgemeinerte Wandgröße** liefert den jeweiligen Berechnungsfaktor.

Das Bezugsmaß ist eine Wand,

die eine Oberfläche von 1 m^2 hat und 1 m stark ist, während die Temperaturdifferenz $(T_{w1} - T_{w2})$ = 1 K beträgt. Damit gibt die Wärmeleitzahl an

λ = die Wärmemenge, die pro Stunde durch eine Wand von 1 m^2 Obefläche und 1 m Stärke hindurch wandert. Bei einer Temperaturdifferenz von 1 K als Einheit ergibt sich:

Gleichung 46:

$$\lambda = \left[\frac{W}{mK}\right]$$

Bei Wärmeaustauschern soll die ausgetauschte Wärmemenge, und mit ihr die Einheit λ, möglichst groß sein; bei Isolierungen, z. B. bei Kühlraumwänden, soll sie hingegen möglichst klein sein.

Die Wärmeleitzahl von Metallen ist sehr groß, wobei z. B. Kupfer ein besserer Wärmeleiter ist als Eisen. Luft ist demgegenüber der schlechteste Wärmeleiter mit sehr kleiner Leitzahl.

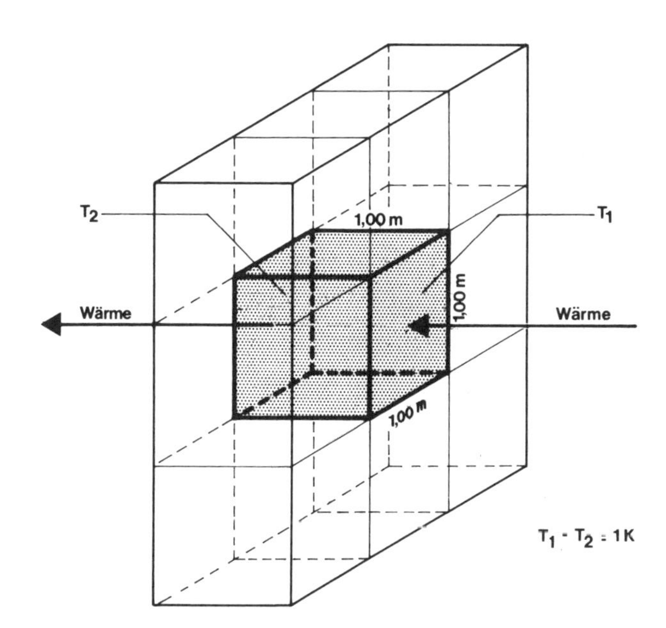

Abbildung 20
Darstellung der Wärmeleitzahl

5.1.2 Der Wärmeübergang oder die Konvektion

Soll beispielsweise ein von Kältemittel durchströmtes Rohrsystem Wärme aus der Luft aufnehmen, so kommt es nicht nur auf die Wärmeleitfähigkeit des Rohrmaterials an, sondern auch auf die Fähigkeit der Luft, die Wärme an die Rohroberfläche abzugeben. An der Grenzschicht zwischen Luft und Wärmeaustauschermaterial vollziehen sich verschiedene Vorgänge (Strömung usw.), die die Intensität der Wärmeübergabe beeinflussen und als **Wärmeübergang** oder **Konvektion** bezeichnet werden.

Die Konvektion findet nur beim Wärmeaustausch zwischen Stoffen unterschiedlicher Aggregatzustände statt;

sie wird durch die Wärmeübergangszahl α gekennzeichnet.

Der Wert alpha ist abhängig von den **stofflichen Eigenschaften** des Gases oder der Flüssigkeit, von **Art und Geschwindigkeit der Strömung**, der **Oberflächenstruktur des Wärmeaustauscher** u.v.m.

Er gibt an, welche Wärmemenge an der Berührungsfläche zwischen Gas oder Flüssigkeit und dem Material des Wärmeaustauschers bei einer Temperaturdifferenz von 1 K übergeht.

Eine Wandstärke ist in diesem Faktor nicht berücksichtigt, da sie auf diesen Vorgang keinen Einfluß hat.

Die Einheit von α ist demnach:

Gleichung 47:

$$\alpha = \left[\frac{W}{m^2K} \right]$$

Wie die nachfolgenden Berechnungsbeispiele zeigen werden, ist der Anteil des Wärmeaustausches durch Konvektion oft bedeutend größer als derjenige der Wärmeleitung.

5.1.3 Der Wärmeübertragungs-Widerstand

Die Festlegung oder Definition eines Widerstandes ist bei technischen Berechnungen oft hilfreich.

Unter einem Widerstand versteht man das Verhältnis der Ursache zur Wirkung.

So ist in der Elektrotechnik die Ursache für den Stromfluß die Spannung. Die Spannung bewirkt den Stromfluß. Es folgt:

$$\text{elektrischer Widerstand} = \frac{\text{Spannung}}{\text{Strom}}$$

In der Wärmelehre tritt an die Stelle der Spannung die Temperaturdifferenz. Sie bewirkt den Wärmestrom.

Abbildung 21 zeigt: Vergleich Wärmefluß/el. Strom.

$$\text{Wärme-Widerstand} = \frac{\text{Temperaturdifferenz}}{\text{Wärmestrom}}$$

Gleichung 48:

$$R_L = \frac{T_{w2} - T_{w1}}{\dot{Q}}$$

Diese Widerstände lassen sich mathematisch sehr ähnlich behandeln.

Den unterschiedlichen Arten der Wärmeübertragung entsprechen der **Wärmeleitwiderstand R_L** und der **Wärmeübergangswiderstand R_α**.

Elektrisch:

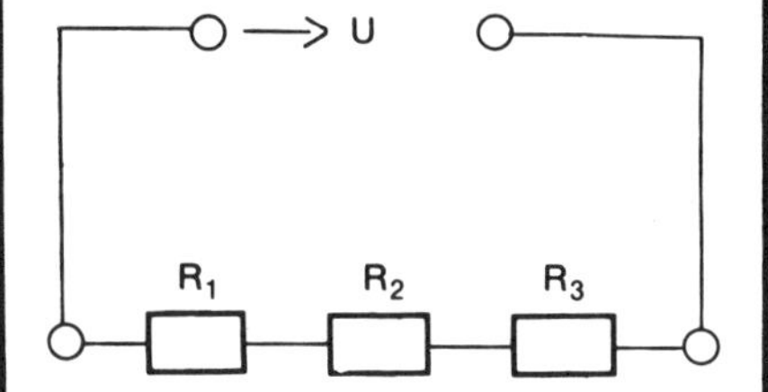

in Reihe geschaltete Widerstände addieren sich

$R_{ges} = R_1 + R_2 + R_3$

Wärmetechnisch:

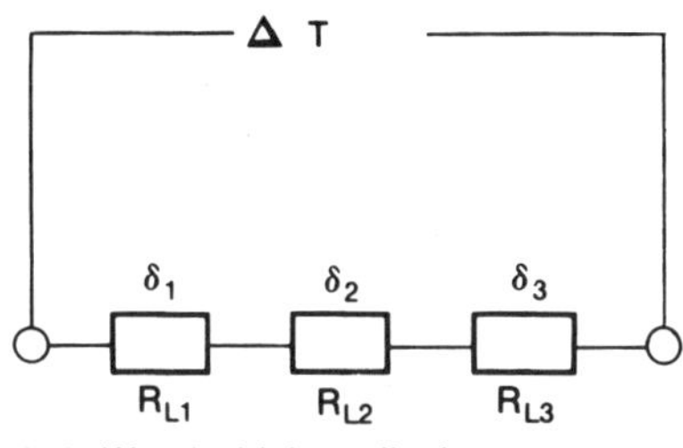

jede Wandschicht stellt einen Widerstand R_L dar. Diese Widerstände addieren sich

$R_{Lges} = R_{L1} + R_{L2} + R_{L3}$

Der Stromfluß wird durch die Spannung in Gang gebracht

$$I = \frac{U}{R}$$

Der Wärmefluß wird durch die Temperaturdifferenz in Gang gebracht

$$Q = \frac{T_{w1} - T_{w2}}{R_L}$$

Ein Leitungswiderstand hat:

$$R = \frac{l}{\varkappa \cdot A}$$

l = Länge
$\varkappa$ = Leitfähigkeit
A = Querschnitt

Der Wärmewiderstand hat:

$$R_L = \frac{\delta}{\lambda \cdot A}$$

Abbildung 21

Die zum Wärmestrom $\dot{Q}$ umgestellte Gleichung 49 lautet:

Gleichung 49:

$$\dot{Q} = R_L(T_{w2} - T_{w1})$$

Eine weitere Analogie zeigt sich beim elektrischen Leitwert $\varkappa$ und der Wärmeleitzahl. Bezogen auf den Wärmeaustauscher ergibt sich hier mit der Schichtdicke der Wand anstelle der Länge eines elektrisch leitenden Drahtes:

Gleichung 50:

$$R_L = \frac{\delta}{\lambda \cdot A}$$

Setzt man diese Gleichung 50 in die vorhergehende Gleichung 49 ein, so wird:

Gleichung 51:

$$\dot{Q} = \frac{T_{w2} - T_{w1}}{\frac{\delta}{\lambda \cdot A}} = \frac{\lambda}{\delta} \cdot A\,(T_{w2} - T_{w1})$$

und umgestellt wieder Gleichung 45.

Widerstände haben die Eigenschaft, sich zu **addieren**, wenn sie in **Reihe** geschaltet sind. Dies gilt auch für Wandungen, die aus mehreren Schichten bestehen, wobei jede einzelne Schicht einem Widerstand entspricht.

Gleichung 52:

$$R_{Lges} = R_{L1} + R_{L2} + \ldots R_{Ln} \qquad \left[\frac{K}{W}\right]$$

So ist wieder

Gleichung 53:

$$\dot{Q} = \frac{T_{w2} - T_{w1}}{R_{Lges}} = \frac{T_{w2} - T_{w1}}{R_{L1} + R_{L2} + \ldots R_{Ln}}$$

Die beiden letzten Gleichungen lassen sich umstellen nach

<u>Gleichung 54:</u>

$$T_{w2} - T_{w1} = R_L \cdot Q$$

<u>Gleichung 55:</u>

$$T_{w1} = R_L \cdot \dot{Q} + T_{w2}$$

<u>Gleichung 56:</u>

$$T_{wn} = \dot{Q} \cdot R_{Ln} + T_{n+1}$$

$\dot{Q}$ = Wärmedurchgang $\left[\frac{kJ}{h}\right]$

R_{Ln} = Wärmedurchgangswiderstand der n-ten Schicht $\left[\frac{K}{W}\right]$

T_{n+1} = Temperatur der darauffolgenden Oberfläche [K]

T_{wn} = Temperatur an der n-ten Schicht

so daß in der Gleichung 56 die Temperatur an einer Trennstelle definiert ist und berechenbar wird.

Sie ergibt sich aus: Gesamtwärmestrom $\dot{Q}$ mal Wärmeleitwiderstand der Schicht plus Temperatur vor der Schicht (siehe Abbildung 24 und Abbildung 25).

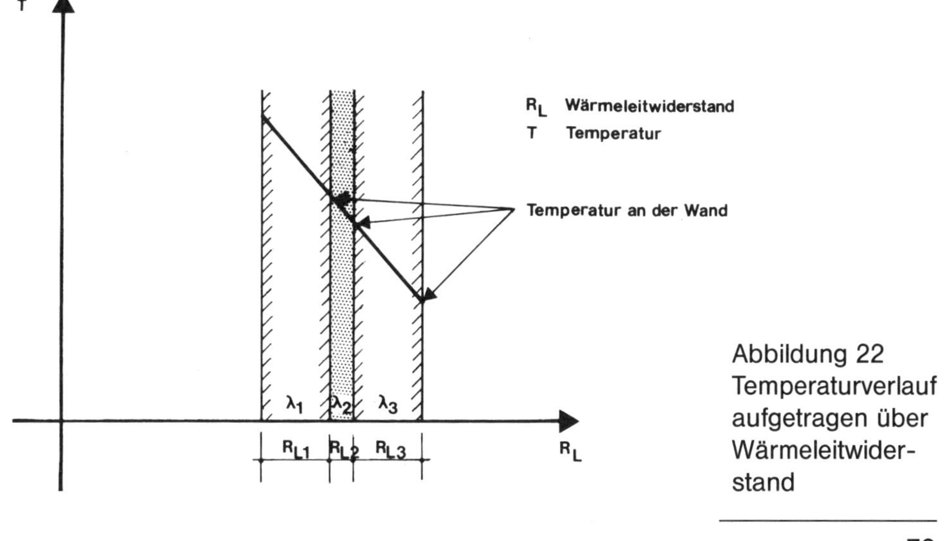

Abbildung 22
Temperaturverlauf aufgetragen über Wärmeleitwiderstand

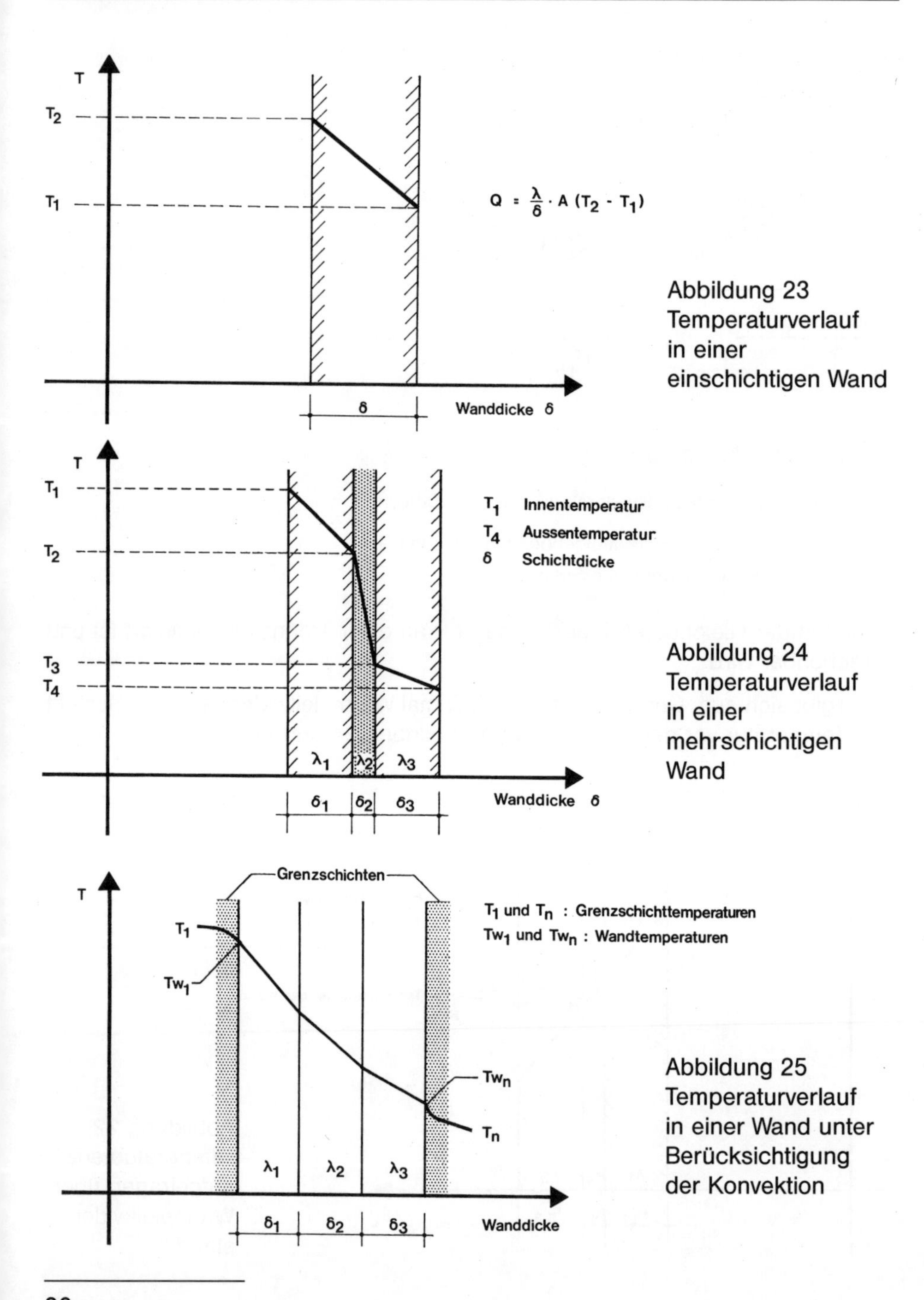

Abbildung 23
Temperaturverlauf in einer einschichtigen Wand

Abbildung 24
Temperaturverlauf in einer mehrschichtigen Wand

Abbildung 25
Temperaturverlauf in einer Wand unter Berücksichtigung der Konvektion

Dieser Vorgang ist auch zeichnerisch darstellbar, indem die Temperatur über dem Wärmeleitwiderstand aufgetragen wird. Dabei ergibt sich durch alle Schichten hindurch eine gerade Verbindung, die **jeweilige Grenztemperatur ist ablesbar** (siehe Seite 79, Abbildung 22).

Es brauchen also nur die einzelnen R_l sowie die äußeren und inneren Oberflächentemperaturen der Wand bekannt zu sein.

Der Temperaturabfall innerhalb einer Schicht verläuft um so steiler, je größer der λ-Wert ist.

Auf diese Weise läßt sich der Wärmedurchgang durch eine ebene Wand zuverlässig berechnen. Bisher wurde vorausgesetzt, daß $T_1 = T_{w1}$ ist und $T_2 = T_{w2}$.

Das bedeutet, daß die Temperatur des äußeren Mediums und die Temperatur der Oberfläche gleich sind (z. B. Lufttemperatur = Wandtemperatur).

In anderen Wärmetauschersystemen wie Verdampfern und Kondensatoren ist jedoch der Wärmeübergang von besonderer Bedeutung. Deshalb wird der **Wärmeübergangswiderstand** eingeführt. Problematisch ist hier, daß eine Schichtdicke rechnerisch nicht erfaßbar ist.

Multipliziert man den Wärmeleitwiderstand aus Gleichung 50 mit der Fläche A, so ergibt sich eine Größe r_L

Gleichung 57:

$$r_L = \frac{\delta}{\lambda \cdot A} \cdot A = \frac{\delta}{\lambda}$$

die als **spezifischer Leitwiderstand** bezeichnet werden kann.

Daraus folgt

Gleichung 58:

$$r_L = A \cdot R_L = \frac{\delta}{\lambda} \qquad \left[\frac{m^2K}{W}\right]$$

sowie ein Wärmeübergangswiderstand

Gleichung 59:

$$r_\alpha = \frac{1}{\alpha} \qquad \left[\frac{m^2K}{W}\right]$$

5.1.4 Die Wärmedurchgangszahl: der k-Wert

Nun ist noch zu berücksichtigen, daß es an jeder Wand einen **äußeren** und einen **inneren Wärmeübergangswiderstand gibt**, denn die beschriebenen Vorgänge vollziehen auf beiden Seiten. So ergibt sich ein gesamter spezifischer Widerstand:

Gleichung 60:

$$r_{ges} = r_{\alpha i} + r_L + r_{\alpha a}$$

Diese Vorgänge werden zusammengefaßt durch den **Wärmedurchgangskoeffizienten k**, auch einfach **k-Wert genannt**.

Er ist der Kehrwert der Summe der spezifischen Leitwiderstände. Somit folgt:

Gleichung 61–63:

$$k = \frac{1}{r_{\alpha i} + r_L + r_{\alpha a}} = \frac{1}{r_{ges}} =$$

$$\frac{1}{\frac{1}{\alpha_i} + \frac{\delta}{\lambda} + \frac{1}{\alpha_a}} \qquad \left[\frac{W}{m^2K}\right]$$

k = Wärmedurchgangszahl $\left[\frac{W}{m^2K}\right]$

$r_{\alpha i}$ = spez. Wärmeübergangswiderstand innen $\left[\frac{m^2K}{W}\right]$

$r_{\alpha a}$ = spez. Wärmeübergangswiderstand außen

δ = Schichtdicke [m]

λ = Wärmedurchgangszahl $\left[\frac{W}{mK}\right]$

r_{ges} = Summe der spez. Einzelwiderstände

Die beiden letzten Gleichungen zeigen deutlich, daß

- $\dot{Q}$ groß wird, wenn k groß ist,
- k wächst mit steigenden Alpha-Werten,
- k sinkt mit sinkenden Delta-Werten.

Bei Wärmeaustauschern wird ein großer k-Wert angestrebt, denn es soll ja bei kleinster Bauform möglichst viel Wärme ausgetauscht werden. Konstruktive Maßnahmen hierzu sind die Verbesserung der Strömung durch Ventilatoren, die Vergrößerung der Oberfläche durch Lamellen usw.

Bei Isolierungen hingegen soll k möglichst klein, die Wandstärke somit möglichst gering sein.

Der k-Wert gibt also den Wärmestrom durch eine Wand an, die eine Oberfläche von 1 m^2 hat und zwischen deren Seiten eine Temperaturdifferenz von 1 K herrscht.

Mit diesem Wert ergibt sich wiederum:

Gleichung 64:

$$\dot{Q} = k \cdot A\,(T_2 - T_1) \qquad [W] \text{ oder } \left[\frac{K}{h}\right]$$

Besteht die Wand aus mehreren Schichten mit entsprechenden Leitwerten, so gilt:

Gleichung 65:

$$k = \frac{1}{\frac{1}{\alpha_i} + \frac{\delta_1}{\alpha_1} + \frac{\delta_2}{\alpha_2} + \ldots + \frac{\delta_n}{\alpha_n} + \frac{1}{\alpha_a}}$$

Berechnung einer mehrschichtigen Kühlraumwand

Gegeben:

Innentemperatur $T_1 = 248$ K

Außentemperatur $T_a = 303$ K

Oberfläche $A = 10\ m^2$

1. Schicht: Styropor $\delta_1 = 24$ cm $\lambda_1 = 0{,}0349\ \frac{W}{mK}$

2. Schicht: Ziegel $\delta_2 = 24$ cm $\lambda_2 = 0{,}791\ \frac{W}{mK}$

Wärmeübergang innen $\alpha_i = 8{,}14\ \frac{W}{m^2K}$

Wärmeübergang außen $\alpha_a = 17{,}45\ \frac{W}{m^2K}$

Berechnen Sie:

a) Wärmestrom $\dot{Q}$

b) Temperatur an der Trennstelle der beiden Wände

zu a) Wärmestrom

$$\dot{Q} = \frac{T_a - T_i}{R_{ges}}$$

Spezielle Wärmewiderstände

$$r_1 = \frac{\delta_1}{\lambda_1} = \frac{0{,}24 \text{ m}}{0{,}0349 \frac{\text{W}}{\text{mK}}} = 6{,}877 \frac{\text{m} \cdot \text{m} \cdot \text{K}}{\text{W}}$$

$$r_2 = \frac{\delta_2}{\lambda_2} = \frac{0{,}24 \text{ m}}{0{,}791 \frac{\text{W}}{\text{mK}}} = 0{,}303 \frac{\text{m} \cdot \text{m} \cdot \text{K}}{\text{W}}$$

$$r_{\alpha i} = \frac{1}{\alpha_i} = \frac{1}{8{,}14 \frac{\text{W}}{\text{m}^2\text{K}}} = 0{,}123 \frac{\text{m}^2\text{K}}{\text{W}}$$

$$r_{\alpha a} = \frac{1}{\alpha_a} = \frac{1}{17{,}45 \frac{\text{W}}{\text{m}^2\text{K}}} = 0{,}057 \frac{\text{m}^2\text{K}}{\text{W}}$$

$$r_{ges} = r_1 + r_2 + r_{\alpha i} + r_{\alpha a} =$$
$$(6{,}877 + 0{,}303 + 0{,}123 + 0{,}057) \frac{\text{m}^2\text{K}}{\text{W}} = 7{,}36 \frac{\text{m}^2\text{K}}{\text{W}}$$

Gesamt-Wärmewiderstand

$$R_{ges} = \frac{r_{ges}}{A} = \frac{7{,}36 \text{ m}^2\text{K}}{10 \text{ m}^2\text{W}} = 0{,}736 \frac{\text{K}}{\text{W}}$$

$$\dot{Q} = \frac{T_a - T_i}{R_{ges}} = \frac{(303 - 248) \text{ K} \cdot \text{W}}{0{,}736 \text{ K}} = 74{,}73 \text{ W}$$

Der Wärmefluß beträgt 74,73 W oder 269,02 $\frac{\text{kJ}}{\text{h}}$

zu b)

Temperatur T_1 an der Trennstelle der beiden Wandschichten

$$T_1 = \dot{Q} \cdot (R_{L1} + R_{\alpha i}) + T_i$$

$$\text{mit } R_{L1} = r_{L1}/A = 0{,}6877 \frac{K}{W}$$

$$\text{und } R_{\alpha i} = r_{\alpha i}/A = 0{,}0123 \frac{K}{W}$$

wird

$$T_1 = \dot{Q} \cdot (0{,}6877 + 0{,}0123)\frac{K}{W} + T_i$$

$$T_1 = 74{,}73\ W \cdot 0{,}7 \frac{K}{W} + 248\ K = 300{,}31\ K$$

Da die Außentemperatur 303 K beträgt, zeigt sich, daß das Ziegelmauerwerk nur einen Temperaturabfall von 2,69 K bringt, obwohl seine Schichtdicke genau so groß ist wie die des Styropors.

Der Einfluß des Wärmeübergangs ist offenbar in diesem Beispiel ganz gering, so daß er bei der Berechnung von Kühlraumwänden vernachlässigt werden kann.

5.2 Kondensatoren

Kondensatoren sind Wärmetauscher. Ihre Aufgabe besteht darin, die Wärmemenge, die aus dem Kühlgut aufgenommen wurde, bei erhöhtem Temperaturniveau an die Umgebungsluft oder an Kühlwasser abzugeben. Die abgegebene Wärmemenge entspricht der Kälteleistung $\dot{Q}_o$.

Weiterhin wird die in Wärme umgewandelte Antriebsleistung des Verdichters $\dot{W}$ abgegeben. Damit setzt sich die Leistung des Kondensators zusammen aus:

Gleichung 66:

$$\dot{Q} = \dot{Q}_0 + \dot{W}$$

Der Kondensationsvorgang gliedert sich in drei Phasen. In der ersten wird bei der Überhitzungstemperatur $T_ü$ die **Arbeitswärme W** abgegeben. In der zweiten findet bei der Kondensationstemperatur T die **eigentliche Kondensation** statt. In der dritten Phase wird das verflüssigte Kältemittel **unterkühlt**, um zu verhindern, daß sich auf dem Wege zum Expansionsventil Gasblasen bilden (Abbildung 26).

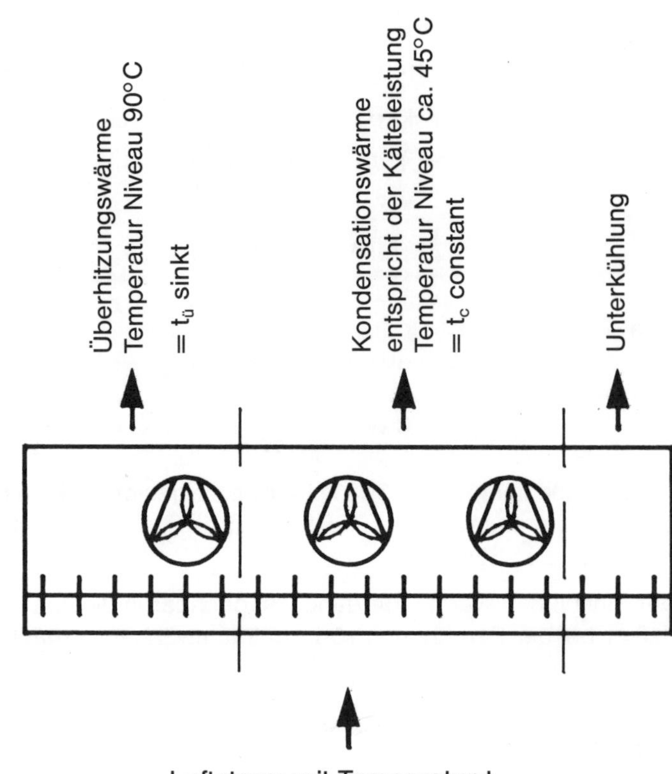

Abbildung 26
Abkühlungsphase
des Kältemittels
im luftgekühlten
Kondensator

Die Zusammenhänge zwischen Wärmeaustausch, Oberfläche und Temperaturdifferenz wurden bereits abgeleitet. Ist die Austauschleistung groß bemessen, so kann die Wärme auch bei geringeren Temperaturdifferenzen gut abfließen. Geringe Temperaturdifferenzen bewirken, daß Kondensationstemperatur und Kondensationsdruck niedrig bleiben. Dies verbessert die Leistungsziffer und den Gesamtwirkungsgrad der Anlage erheblich.

Merke: Ist die Wärmeaustauschleistung des Verflüssigers groß bemessen, kann die Wärme des Kältemittels gut abfließen. Kondensationstemperatur und Kondensationsdruck sinken, was die Leistungsziffer der Anlage sehr positiv beeinflußt.

Man unterscheidet im wesentlichen **wassergekühlte** und **luftgekühlte** Kondensatoren, deren verschiedene Bauarten nachfolgend behandelt werden.

5.2.1 Luftgekühlte Kondensatoren

Die einfachste Form eines solchen Verflüssigers bestünde darin, das Kältemittel durch ein Rohr strömen zu lassen, so daß über die Rohroberfläche Wärme an die Umgebungsluft abgegeben wird. Mit einer derart einfachen Konstruktion sind jedoch die für Kälteanlagen erforderlichen Wärmeaustauschleistungen nicht erreichbar.

Es geht darum, möglichst viel Wärme über eine Oberfläche an die Luft abzugeben. Im Interesse eines minimalen Kondensationsdrucks soll dabei das Temperaturgefälle zwischen Luft und Kältemittel möglichst gering sein. **Auf möglichst geringem Raum muß also eine möglichst große Oberfläche mit optimalen Wärmeübergangswerten geschaffen werden.** Zur Vergrößerung der Oberfläche werden einer Rohrschlange in geringen Abständen Aluminium-Lamellen aufgepreßt. Dieses Rohr-Lamellensystem wird einem von Ventilatoren erzeugten Luftstrom ausgesetzt.

Bei Kondensatoren mit sehr geringer Leistung, wie man sie an Kühlschränken findet, nutzt man den natürlichen Auftrieb der Luft und verzichtet auf Ventilatoren. Solche Verflüssiger werden als **statische Kondensatoren** bezeichnet.

Häufig bietet es sich an, Verdichter, Sammler, Kondensator und andere Bauteile auf einem gemeinsamen Grundrahmen zu einem Aggregat zusammenzustellen. Am Aufstellungsort des Aggregates muß dann allerdings eine ausreichende Belüftung gewährleistet sein. Da dies oft nicht der Fall ist, werden Kondensatoren in wetterfester Ausführung vielfach im Freien aufgestellt. Derartige, mit Axial-Ventilatoren ausgerüstete Geräte werden auch als **Axial-Kondensator** bezeichnet (Abbildung 27 Seite 88).

Zur Minderung der **Geräuschentwicklung** werden Ventilatoren mit entsprechend **angepaßter Drehzahl** verwendet. So besitzen sehr leise arbeitende Kondensatoren eine große Fläche bei gleichzeitig geringer Luftbewegung; solche Geräte sind entsprechend teurer und haben größere Abmessungen.

Da die Außenluft mit jahreszeitlich wechselnder Temperatur angesaugt wird, ist eine **Regelung der Kondensatorleistung** sinnvoll. Im Winter würde sonst der Kondensationsdruck so weit sinken, daß der Kältemitteltransport nicht mehr gegeben wäre. Man unterscheidet im wesentlichen drei Arten der Regelung:

1. **Schalten der Ventilatoren über Druckschalter,** die den Kondensationsdruck erfühlen. Diese Regelung ist preiswert, aber ungenau.
2. **Regelung des Kondensationsdrucks** mit Hilfe einer Frequenz-Umrichter-Anlage, wobei eine stetige Regelung möglich ist. Dazu wird die **Ventilator-Drehzahl** dem Kondensationsdruck fortwährend angepaßt.

3. **Überflutung.** Für den Wärmeaustausch ist nur die Fläche des Kondensators zuständig, in der die eigentliche Kondensation stattfindet. Durch teilweise Flutung des Rohrsystems wird die Fläche gewissermaßen künstlich verkleinert. Von Nachteil ist hierbei die notwendigerweise große Kältemittel-Vorlage.

Weiterhin gibt es mit Radial-Ventilatoren ausgerüstete Kondensatoren. Sie werden eingesetzt, wenn die Abluft durch Kanäle gefördert werden soll, wozu die Ventilatoren eine Druckleistung erbringen müssen (Abbildung 28).

Eine in Verbindung mit Radial-Ventilatoren häufige Schaltung ist die **Luftklappenverstellung**, mit deren Hilfe die Abluft im Winter zwecks Beheizung ins Gebäudeinnere, im Sommer hingegen ins Freie geleitet wird.

Abbildung 27 Axialkondensator

Werkfoto REISNER

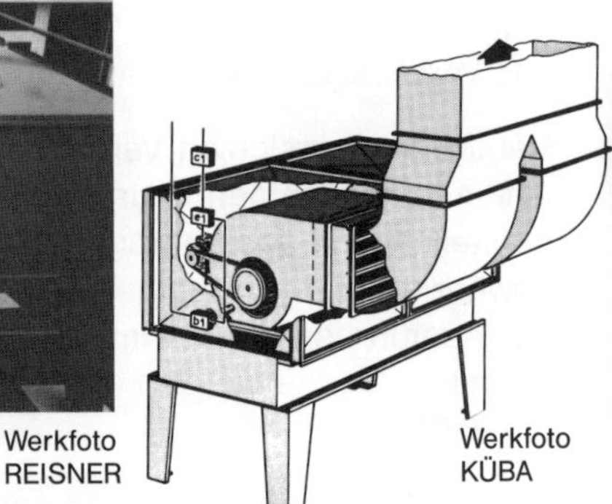

Abbildung 28 Radialkondensator

Werkfoto KÜBA

5.2.2 Wassergekühlte Kondensatoren

Bei wassergekühlten Kondensatoren wird die Abwärme nicht an die Luft, sondern an Wasser abgegeben. Als einfachste Konstruktion wäre eine Rohrschlange denkbar, die innerhalb eines Behälters ständig von Frischwasser umspült wird.

Von den verschiedenen Konstruktionen, die sich in der Praxis durchgesetzt haben, ist eine der **Koaxial-Kondensator**. Er besteht aus einer Rohrschlange, in deren Inneres eine zweite eingezogen ist. Während das Kältemittel das innere Rohr durchströmt, bewegt sich das Wasser im Gegenstrom durch den Raum zwischen innerem und äußerem Rohr. Diese Konstruktion wurde in den letzten Jahren durch veränderte Rohroberflächen bedeutend verbessert. Von Nachteil ist die hohe Empfindlichkeit gegen Verunreinigungen.

Werkfoto
WIELAND

Abbildung 29
Koaxial-
kondensator

Die Alternative zum Koaxial-Kondensator ist der **Bündelrohr-Kondensator**. Im Innern eines Behälters, in den das Heißgas einströmt, befindet sich ein Bündel von Rohren, durch die das Kühlwasser geleitet wird. Die Kondensation vollzieht sich an den Rohrwandungen, wobei das verflüssigte Kältemittel in den Behälter tropft, so daß dieser Kondensatortyp gleichzeitig als Kältemittel-Sammler dient.

Werkfoto
BLITZER

Abbildung 30
Bündelrohr-
kondensatoren
mit angebautem
Schauglas

Der Nachteil wassergekühlter Kondensatoren ist ihr hoher Wasserverbrauch. Bei sehr großen Anlagen wird deshalb gern ein **Berieselungskondensator** verwendet. Das Kältemittel strömt dabei durch ein Rohrsystem, das dem Luftstrom eines Ventilators ausgesetzt ist und gleichzeitig mit Wasser besprüht wird. Während im Sommer ein Großteil des Wassers verdunstet, was als Kühleffekt genutzt wird, ist im Winter allein die Luftbewegung ausreichend, so daß auf die Berieselung verzichtet werden kann.

Bei wassergekühlten Kondensatoren wird die Kondensation durch einen **Wasserregler** stabilisiert. Im Grunde handelt es sich dabei um ein Konstantdruckventil, das abhängig vom erfühlten Kondensationsdruck den Kühlwasser-Durchlauf vergrößert oder drosselt.

5.2.3 Auslegung von Kondensatoren

Kondensatoren müssen die gesamte Kälteleistung $\dot{Q}_0$ zuzüglich der Antriebsleistung $\dot{W}$ abführen, gemäß:

$$\dot{Q} = \dot{Q}_0 + \dot{W}$$

Die Kondensatorleistung liegt damit durchschnittlich um 25–30 % höher, als es der Kälteleistung $\dot{Q}_0$ entspricht. Wegen der Sauggaskühlung des Motors wird die Antriebsleistung halbhermetischer Verdichter noch effektiver übertragen als die offener Maschinen.

Vorsicht ist aufgrund der sehr niedrigen Verdampfungstemperatur bei Tiefkühlanlagen geboten. Nach dem Abtauen oder beim Anlaufen im warmen Zustand liegt die Verdampfungstemperatur, und mit ihr die Kälteleistung $\dot{Q}_0$ höher als bei Nennbetrieb. Einen gewissen Schutz bieten in dieser Situation Startregler und MOP-Expansionsventile (vgl. hierzu die Abschnitte 6.8 und 7.2).

Die Auslegung luftgekühlter Maschinen bezieht sich auf eine Luftansaugtemperatur von + 32° C. Die Differenz zwischen Luftansaugtemperatur und Kondensationstemperatur sollte im Mittel nicht mehr als 15 K betragen; so ergäbe sich z. B. bei Vorgabe dieses Wertes die sehr wirtschaftliche Kondensationstemperatur von +47° C.

Definiert wird ein luftgekühlter Kondensator durch die Luftmenge, die Oberfläche, die Anzahl der Ventilatoren und deren Geräuschpegel.

Um die Luftmenge überschlägig zu berechnen, legt man für die spezifische Wärmekapazität einen Wert von 1 m^3 Luft fest, anstelle der sonst üblichen Bezugsgröße von 1 kg Masse. Ihr Wert beträgt etwa 1,3 kJ/m^3K, so daß für die Luftmenge gilt:

Gleichung 67:

$$\dot{G}_L = \frac{\dot{Q}}{(T_{L2} - T_{L1}) \cdot 1{,}3} \qquad \left[\frac{m^3}{h}\right]$$

$\dot{G}_L$ = Luftmenge durch den Kondensator $\left[\frac{m^3}{h}\right]$

$\dot{Q}$ = Kondensatorleistung $\left[\frac{kJ}{h}\right]$

T_{L2} = Lufttemperatur am Austritt [k]

T_{L1} = Lufttemperatur am Eintritt [k]

1,3 = pauschale Größe der spez. Wärmekapazität auf 1 m^3 bezogen $\left[\frac{kJ}{m^3k}\right]$

Für wassergekühlte Kondensatoren gilt sinngemäß das gleiche, bei einer spezifischen Wärmekapazität des Wassers von 4,19 kJ/kgK:

Gleichung 68:

$$\dot{G}_w = \frac{\dot{Q}}{(T_{w2} - T_{w1}) \cdot 4{,}19} \qquad \left[\frac{dm^3}{h}\right]$$

Als Wärmedurchgangszahlen (k-Werte) können in etwa angenommen werden:

Axial-Kondensatoren	25 W/m²K
Koaxial-Kondensatoren	580 W/m²K
Bündelrohr-Kondensatoren	800 W/m²K

Diagramm 1

Offene und nicht sauggasgekühlte halbherm. Verdichter.

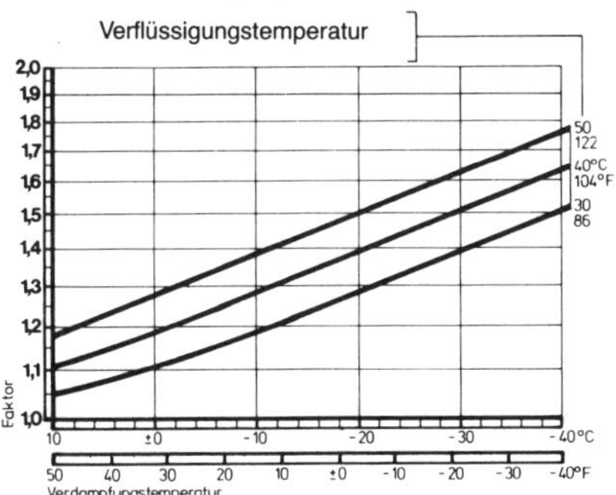

Diagramm 2

Sauggasgekühlte halbherm. und vollherm. Verdichter.

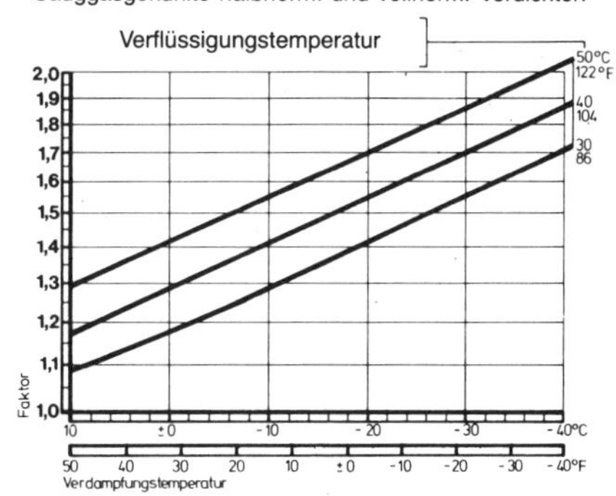

Abbildung 31 Diagramme zur Ermittlung der Kondensatorleistung

5.2.4 Wärmerückgewinnung

Die Abwärme aus den Kälteanlagen wird entweder über luftgekühlte Kondensatoren an die Umgebung abgegeben oder über wassergekühlte an einen Wasserstrom.

Wir erinnern, daß die abgegebene Wärmemenge gleich der Kälteleistung zzgl. der Antriebsleistung des Verdichters ist.

$$\dot{Q} = \dot{Q}_0 + W$$

Hierbei liegt $\dot{Q}_0$ auf dem Temperaturniveau der Kondensationstemperatur, W bei der Überhitzungstemperatur nach dem Verdichter.

Diese Abwärme bietet sich zur sinnvollen Nutzung für Heizzwecke, Wassererwärmung oder in Produktionsprozessen an. Über entsprechende Wärmeaustauscher kann sie in Medien hineinfließen, die erwärmt werden sollen. Nach dem zweiten Hauptsatz der Wärmelehre muß dieses Medium ein niedrigeres Temperaturpotential haben als das Kältemittel.

Im allgemeinen geht es um Erwärmung von Luft oder Wasser/Sole.

5.2.4.1 Heizung über Luft

Stünde der luftgekühlte Kondensator in einem Raum, der beheizt werden soll, so würde die abgegebene Wärme den Raum aufheizen. Dies ist im Sommer unerwünscht, so daß der Kondensator luftseitig mit Kanälen ausgestattet wird, über die im Winter mittels einer Luftklappenverstellung die Luft im Raum gehalten wird, im Sommer nach außen gegeben wird.

5.2.4.2 Heizung über Warmwasser

Alternativ ist es möglich, einen Kondensator außerhalb zu belassen und das Kältemittel durch einen Wärmeaustauscher gegen Wasser zu geben. Dieses Wasser kann der Wärmeträger eines Niedertemperatur-Heizsystems sein. Ohne die Leistungsziffer der Kühlanlage zu beeinflussen, erreicht man Vorlauftemperaturen um 50°C.

5.2.4.3 Wassererwärmung

Ein häufiger Fall, gerade im lebensmittel-technischen Bereich ist die Erwärmung von Brauchwasser. Wenn das Wasser sehr warm werden soll, nutzt man lediglich den Anteil W der Abwärme, weil hier ein so hohes Temperaturpotential zur Verfügung steht. Entsprechend Wärmeaustauscher für solche Systeme sind unter dem Begriff Enthitzer im Handel.

5.2.4.4 Berechnung und Amortisation

Beispiel:

Eine Kältemaschine mit einer Nennleistung von 110 kW benötigt eine Antriebsleistung von 28 kW. Damit steht eine Gesamt- Abwärmeleistung von 138 kW zur Verfügung.

Der Heizwert von 1 Liter Heizöl liegt bei 7,5 kWh, unter Berücksichtigung aller Verluste. Damit ist es möglich, eine Menge Heizöl von

$$m = 138/7{,}5\ \text{kW/kWh/ltr} = 18\ \text{Liter}$$

pro Stunde zu substituieren.

Zur Klarstellung der Amortisation muß festgestellt werden, ob denn die ganze zur Verfügung stehende Abwärme genutzt werden kann, im Heizbereich über wie lange Zeit des Jahres.

5.3 Kältemittel-Sammler

Das Kältemittel wird im Kondensator verflüssigt und darüber hinaus geringfügig unterkühlt. Vom Kondensator fließt es im allgemeinen in den **Sammler**. Dabei handelt es sich um einen Speicher, der stets einen gewissen Kältemittel-Vorrat enthält. Dieser Speicher ist erforderlich, um bei Leistungsschwankungen das vom Verdampfer augenblicklich nicht verarbeitbare Kältemittel zurückhalten zu können. Wichtig ist dieses Gerät ferner bei Reparaturen, um das Kältemittel aus den Leitungen zu entfernen, wobei es im Sammler gespeichert wird.

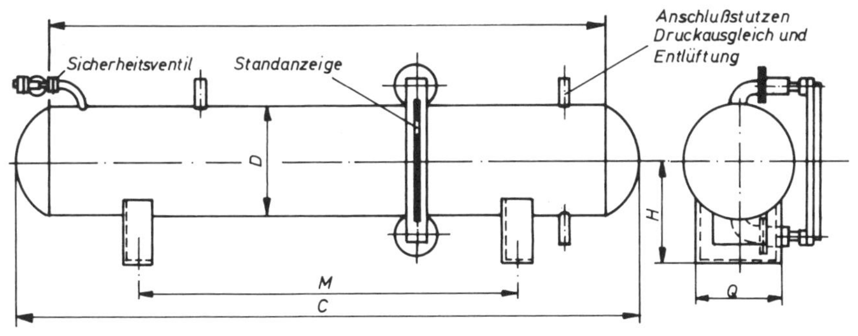

Abbildung 32 Hochdrucksammler

5.4 Verdampfer

Verdampfer sind ebenso wie Kondensatoren Wärmetauscher. Die Richtung des Wärmeflusses ist jedoch umgekehrt: von außen nach innen, weil das Kältemittel bei Verdampfungstemperatur ein niedrigeres Temperaturpotential hat als das Kühlgut.

Bei der Konstruktion von Verdampfern werden die Rohroberflächen ebenfalls durch aufgepreßte Lamellen vergrößert.

5.4.1 Verdampfer zur Kühlung von Luft

Bei der Wahl von Verdampfern, die für Kühlräume vorgesehen sind, ist die Art des Kühlgutes zu berücksichtigen.

Wo hohe Luftgeschwindigkeiten dem Kühlgut nicht schaden, werden sogenannte **Hochleistungsverdampfer** verwendet, die wegen des guten Wärmeübergangs sehr kompakt sind. In Tiefkühlräumen werden sie ebenso eingesetzt wie in Schnellkühlräumen, in denen die starke Luftbewegung für einen guten Wärmeübergang zwischen Kühlgut und Luft sorgt.

Werkfoto REISNER

Abbildung 33 Hochleistungsverdampfer mit hoher Luftgeschwindigkeit

In Fällen, in denen die Art des Kühlgutes nur geringe Luftgeschwindigkeit zuläßt, z.B. in Kühlräumen für Blumen, werden besondere Verdampferkonstruktionen benötigt; gebräuchlich sind für derartige Anwendungen auch **ventilatorlose Geräte zur stillen Kühlung**.

Die Auslegung hängt von zahlreichen Faktoren ab.

Eine große Temperaturdifferenz zwischen Raum- und Verdampfungstemperatur sorgt für eine starke Entfeuchtung.

Üblich ist eine Temperaturdifferenz zwischen 7 und 10 K.

Die Verdampfer-Hersteller geben für ihre Geräte genaue Leistungskurven heraus, mit deren Hilfe das richtige Gerät unter Berücksichtigung von Raumtemperatur und Maschinenleistung ausgewählt werden kann.

5.4.1.1 Über das Abtauen von Verdampfern

Verdampfer müssen grundsätzlich dann mit einer **Abtauvorrichtung** versehen sein, wenn die Verdampfungstemperatur unter –4°C und die Raumtemperatur unter +4°C fällt. Unter diesen Bedingungen beaufschlagt der Verdampfer im Laufe der Zeit Raureif, was die Wärmeaustauschleistung behindert.

Bei Kühlraumtemperaturen von mehr als +2°C ist es möglich, durch entsprechende Schaltungen den Ventilatorbetrieb bei abgeschalteter Kältemaschine fortzusetzen, was als **Ventilatorabtauung** bezeichnet wird. Häufigkeit und Dauer der Abtauperiode hängen von der jeweiligen Raumbenutzung ab. Die Abtauung ist über eine thermostatische Schaltung oder eine Zeitschaltung einstellbar; die zwangsweise Einführung der Abtauperiode ist in jedem Fall richtig.

Eine Methode für kältere Räume ist die **elektrische Abtauung**. Hierbei ist der Verdampfer mit einer elektrischen Abtauvorrichtung ausgerüstet, die ebenfalls über eine Zeitschaltung betätigt wird. Unverzichtbar ist hier ein **Heizungs-Sicherheitsthermostat**, der zudem den Abtauvorgang nach dem Abschmelzen des Eises selbsttätig beendet, wodurch Strom gespart wird. Diese Abtau-Methode ist einfach, jedoch sehr energieaufwendig.

Die dritte Möglichkeit ist die **Heißgasabtauung**, bei der der Kältekreislauf umgekehrt wird: der Verdampfer wird zum Kondensator und im Kondensator verdampft Kältemittel. Die Umschaltung erfolgt durch ein Vierwegeventil. Häufig begegnet man dieser Methode bei Serienanlagen. Bei Verbundanlagen ist die Heißgasabtauung jederzeit möglich, wenn im Normalbetrieb Heißgas in die jeweils abzutauenden Verdampfer geleitet wird; die zum Abtauen benötigte Heizwärme steht dann kostenlos zur Verfügung. Von Nachteil ist hierbei die Vielzahl der erforderlichen Armaturen, Magnet- und Rückschlagventile, die die Störungsanfälligkeit erhöhen.

Heißgas-Abtauvorrichtungen lassen sich berechnen; es ist bekannt, in welcher Zeit eine bestimmte Menge Eis aufgetaut werden soll, wozu die Materialmasse des Verdampfers ebenfalls erwärmt werden muß. Daraus ergibt sich, wieviel Heißgas-Kältemittel kondensieren muß, um die entsprechende Wärmemenge abzugeben.

5.4.2 Verdampfer zur Kühlung von Flüssigkeiten

Zur Kühlung von Flüssigkeiten gibt es abhängig vom jeweiligen Bedarfsfall sehr unterschiedliche Geräte. Sie lehnen sich in ihren Bauformen an die wassergekühlten Kondensatoren an. Technisch handelt es sich genauso um Wärmetauscher Kältemittel gegen Flüssigkeit.

Prinzipiell unterscheidet man folgende Bauformen:

5.4.2.1 Koaxialverdampfer

Ähnliche Bauform wie Koaxial-Kondensatoren. Haben eine sehr kompakte Bauform und sind außerordentlich preisgünstig.

5.4.2.2 Bündelrohrverdampfer

Bestehen aus einem Mantelrohr, welches an den Enden durch eine Platte begrenzt ist. Zwischen beiden Seiten sind die kältemittelführenden Rohre eingespannt und in die Seitenplatten dicht eingewalzt. Die Verbindung zwischen diesen Rohren erfolgt durch Anlöten von Rohrbogen. Diese Verdampfer geben der Flüssigkeit viel Platz und sind somit außerordentlich unproblematisch.

Werkfoto
REISNER

Abbildung 34
Bündelrohrverdampfer

5.4.2.3 Plattenverdampfer

In einer offenen Wanne werden die Verdampferplatten in die Flüssigkeit getaucht. Dies ergibt völlige Unempfindlichkeit gegen Verschmutzung.

Verdampferplatten sind zwei aufeinandergelötete Metallplatten, die jede so ausgeformt sind, daß sich eine Rohrführung ergibt. Das Material kann dann je nach Anspruch Kupfer, Edelstahl oder Aluminium sein. Die Plattenverdampfer werden parallel geschaltet. Das Kältemittel wird mittels Expansionsventil mit Mehrfacheinspritzung in die Verdampfer gegeben.

5.4.2.4 Überflutete Bündelrohrverdampfer

Hier befindet sich das Kältemittel im Mantelrohr. Die flüssigkeitsführenden Rohre im Mantel sind von dem siedenden Kältemittel überflutet. Das flüssige Kältemittel wird über einen Niveauregler ergänzt.

Vorteilhaft ist, daß man wie bei Kondensatoren die flüssigkeitsführenden Rohre nach Abschrauben der Seitendeckel einfach mechanisch reinigen kann, indem man lange Bürsten hindurchschiebt (Siederohr-Bürsten). Diese Bauform ist sehr unempfindlich gegen Lastschwankungen.

Die Ölrückführung des Kältemittels ist schwierig. Es muß etwas Kältemittel an einigen Stellen permanent entnommen werden. Das wird dann erhitzt und das dabei zurückbleibende Öl wird dem Kompressor wieder zugeführt.

5.4.2.5 Kompakt-Wärmeaustauscher

In der letzten Zeit werden häufiger Verdampfer eingesetzt, die aus profilierten Platten aus Edelstahl bestehen. Jede zweite Platte wird so umgedreht, daß sich die Kanten des Fischgrätenmusters schneiden und die aufeinanderliegenden Platten ein Gitterwerk von Kontaktpunkten bilden. Diese Kontaktpunkte werden verlötet, so daß ein druckfester Wärmeaustauscher entsteht. Nach dem Verlöten bilden die Vertiefungen in den Platten zwei getrennte Kanalsysteme, die von Kältemittel und abzukühlender Flüssigkeit im Gegenstrom durchflossen werden. Mit diesem Wärmeaustauschsystem erhält man sehr gute Wärmeübertragungswerte.

Das Gerät ist äußerst kompakt. Man muß jedoch dafür sorgen, daß Wasser darin nicht einfriert. Diese Selbstverständlichkeit führt wegen des geringen Wasserinhaltes zu Problemen, weil schon nach Abschalten der Kältemaschine ein Nachverdampfen des Kältemittels für ein Einfrieren sorgen kann.

5.4.3. Voraussetzungen zum einwandfreien Betrieb von Flüssigkeitsverdampfern

Die Leistung der Verdampfer wird insbesondere beeinflußt vom Wärmeübergangsfaktor sowohl auf der Kältemittel- als auch auf der Flüssigkeitsseite.

Maßgeblichen Einfluß hierauf haben

Gestaltung der Rohroberflächen

Strömungsgeschwindigkeiten

Verschmutzung der Oberflächen

Fließfähigkeit (Viskosität) des zu kühlenden Stoffes

Bei der Gestaltung der Rohroberflächen wurden in den letzten Jahren erhebliche Fortschritte erzielt. Durch Berippung der Oberflächen wurde die Fläche je Rohrlängeneinheit vergrößert und die Strömungsart der Flüssigkeit am Rohr soviel **turbulenter**, daß die Wärmedurchgangszahlen sehr hoch werden konnten. Wenn allerdings Verschmutzungen in der Flüssigkeit zu erwarten sind, sollte größte Vorsicht walten.

Die Strömungsgeschwindigkeiten kann man nicht beliebig vergrößern. Es muß der dadurch wachsende Druckverlust bei der Strömung berücksichtigt werden. Weiterhin verstärkt sich die Korrosion. Insbesondere am Eingang des Verdampfers soll die Strömungsgeschwindigkeit nicht über 1,5 m/s hinausgehen.

Das Material muß der Aggresivität der Flüssigkeit gerecht werden. Vielfach genügt es, das Mantelrohr aus Stahl herzustellen, die Innenrohre aus Kupfer. In anderen Fällen sind Spezial-Bauten aus Edelstahl oder Kunststoff notwendig. Edelstahl-Apparate sind wegen des schlechteren Wärmeleitverfahrens größer. Sie schützen auch nicht immer gegen Korrosion, besonders dann nicht, wenn das zu kühlende Wasser Chloride enthält.

5.4.4 Sicherheitskette

Verdampfer zur Kühlung von Flüssigkeit bergen für die Kühlanlagen ganz besondere Gefahren. Sie können einfrieren und dadurch platzen. Sie können durch Korrosion undicht werden. Dabei ist es möglich, daß die Flüssigkeit in den Kältekreislauf gerät.

Dagegen muß man sich durch verschiedene Maßnahmen schützen.

Strömungswächter schalten die Kältemaschine sofort ab, wenn die Flüssigkeit nicht mehr strömt. Dies passiert durch Ausfall einer Pumpe oder Verstopfung. Dann kann das Kältemittel nicht mehr verdampfen. Im Verdampfer entsteht eine ganz tiefe Temperatur, die zur Vereisung und schließlich zur Zerstörung führt.

Um den Strömungswächter optimal zu nutzen, ist angeraten, zunächst die Zirkulationspumpe einschalten zu lassen und dann erst nach einiger Zeit den Kompressor zu starten.

Solche Schalter, die mit einem Kupferpaddel arbeiten, welches in der Strömung bewegt wird, benötigen eine Anzeige der gerade vorhandenen Schaltsituation durch Leuchtkennmeldung. Das Kupferpaddel kann sich verklemmen oder durch Korrosion auflösen. Diese Situation muß überwacht werden.

Weiteres wichtiges Element ist die **Unterdrucksicherung**. Sie schaltet die Kühlanlage ab, wenn der Verdampfungsdruck sinkt. Da damit eine Temperatursenkung im Verdampfer einhergeht, ist dies ein Schutz vor Vereisung.

Richtig einstellen läßt sich dieser Druckschalter nur im Dauerbetrieb. Beim Start der Anlage gibt es unvermeidbare Drucksenkungen, wobei in dieser Situation andere Schutzmaßnahmen greifen müssen. Bei entsprechender Materialauswahl kann der Hersteller u. U. sicher sein, daß in dieser Situation nichts passiert. Andere Maßnahmen sind evtl. das Einführen von Heißgas nach dem Prinzip der Heißgas-Bypass-Regelung, stufiges Einschalten des Verdichters durch die Leistungsregelung u.ä.

Einen sehr schönen zusätzlichen Schutz bietet auch der **Verdampferdruckregler**, der so eingestellt werden kann, daß die Verdampfungstemperatur eben nicht unter z.B. 0°C bei Wasser sinkt. Dann sind zwei Unterdruckschalter sinnvoll. Einer vor dem Regler, einer direkt am Verdichter.

Ist der Gefrierpunkt der zu kühlenden Flüssigkeit recht tief, so sind die Probleme der Vereisung natürlich nicht so groß.

Daraus ist abzuleiten, daß bei Kühlanlagen für Wasser eine besondere Schutzmöglichkeit der Einsatz von Kühlsole ist. Diese friert erst bei ganz tiefen Temperaturen. Der Nachteil ist aber, daß der Wärmeübergang von Sole um bis zu 30% schlechter ist als der von klarem Wasser, so daß die Wärmeaustauscher entsprechend groß werden müssen.

Es gibt viele verschiedene Sorten von Kühlsolen. Für die Auswahl ist man auf Herstellerangaben angewiesen. Wichtig: Es gibt Kühlsolen, die bei Kontakt mit Luft ungünstig reagieren. Bei offenen Systemen mit Tanks ist also besondere Vorsicht geboten.

In vielen Fällen, besonders im industriellen Kühlbereich ist der Einsatz von Sole undenkbar.

5.4.5 Berechnung

Die Berechnung ist vollkommen auf die verallgemeinert entwickelten Gleichungen zurückzuführen.

Für die Flüssigkeitsmenge, die den Verdampfer durchströmt, gilt mit Gleichung 3 auf Seite 9.

Gleichung 3:

$$Q = m_{FR} \cdot c \cdot (T_z - T_1)$$

ein Wärmestrom von

$$\dot{Q}_0 = \dot{m}_{Fl} \cdot c_{Fl} (T_E - T_A)$$

und daraus der mögliche Massenstrom für die zu kühlende Flüssigkeit

$$\dot{m} = \frac{\dot{Q}_0}{c_{Fl} \cdot (T_E - T_A)}$$

Die Wärmedurchgangszahlen (k-Werte) können auch mit großer Genauigkeit berechnet werden. Hierfür gelten alle abgeleiteten Gesetzmäßigkeiten aus dem Kapitel Wärmeaustausch.

Für die Wärmewiderstände gelten Wärmeübergangswiderstand außen und innen, Wärmeleitwiderstand des Rohrmaterials sowie Wärmeleitwiderstand anderer Schichten, z.B. Verschmutzung, Ölfilm o.ä.

Die Alpha-Werte selbst werden nach weiteren Gleichungen berechnet, die in diesem Buch nicht behandelt werden können. Sie hängen ab von der Art der Strömung, der Viskosität der zu kühlenden Flüssigkeit, der Dichte u.a. Überschlägige Werte sind aber in den Tabellen angegeben.

5.4.6 Maßnahmen zur Energieeinsparung bei Flüssigkeitskühlung – passive Kühlung

Bei ganzjährig arbeitenden Flüssigkeitskühlern sind interessante Maßnahmen zur Energieeinsparung möglich, die sowohl ökologisch wie ökonomisch mancher Wärmerückgewinnung überlegen sind. Insbesondere gilt dies für die sog. passive Kühlung. Hierbei wird das Temperaturgefälle zwischen dem Kühlwasser und der Umgebungsluft ausgenutzt, wobei die Temperatur der Umgebungsluft niedriger liegen muß als die des Kühlwassers.

Nach dem zweiten Hauptsatz kann die Wärme der Flüssigkeit an die Umgebung (z. B. Außenluft) abfließen, wenn deren Temperaturpotential niedriger ist. Ist also die Lufttemperatur niedriger als die Eintrittstemperatur der zu kühlenden Flüssigkeit, kann dem Verdampfer ein Wärmeaustauscher „Luft gegen Flüssigkeit“ mit großer Oberfläche vorgeschaltet werden.

Prinzipskizze

Es handelt sich im Grunde um ein Gebilde wie ein luftgekühlter Kondensator, der jedoch von dem Kaltwasser durchströmt wird. Je nach Lufttemperatur verändert sich dessen Austausch-Leistung. In der kälteren Jahreszeit wird der Kältekompressor bis zum Stillstand entlastet, es wird weniger el. Strom verbraucht (Abbildung 35, Seite 102).

So ein Kühler kann im Winter einfrieren. Oft wählt man deshalb eine Schaltung mit einem weiteren Wärmeaustauscher Glykol gegen Wasser, so daß der Luftkühler mit Glykol durchströmt wird. Dabei ist zu beachten, daß die Leistung von Wärmeaustauschern mit Glykol erheblich sinkt (ca. 25%).

Nachfolgend ist ein prinzipielles Fließschema einer solchen Anlage aufgezeichnet, nach dem viele Industriemaschinen arbeiten.

Die Kältemaschine – ausgeführt als Kaltwassersatz – arbeitet auf ein Doppeltanksystem. Das aus der Produktion zurücklaufende Wasser wird von der Zirkulationspumpe aufgenommen und durch den Verdampfer sowie den Wärmeaustauscher W_1 gegeben. Ist die Temperatur des Glykol niedriger als die des Wasserrücklaufes, findet eine Entlastung der Kältemaschine statt.

Nachfolgende Tabelle gibt Aufschluß über das Energiespar-Potential. Die Wetterbedingungen werden von den Meteorologen aufgrund von Statistiken angegeben (Abbildung 36, Seite 103).

Das Beispiel bezieht sich auf eine Nennkälteleistung von 110 kW und berücksichtigt nur die Antriebsleistung des Verdichters. Der Einfachheit halber wurde eine Leistungsziffer von = 3,5 gewählt, was der Betriebsbedingung sehr nahe kommt.

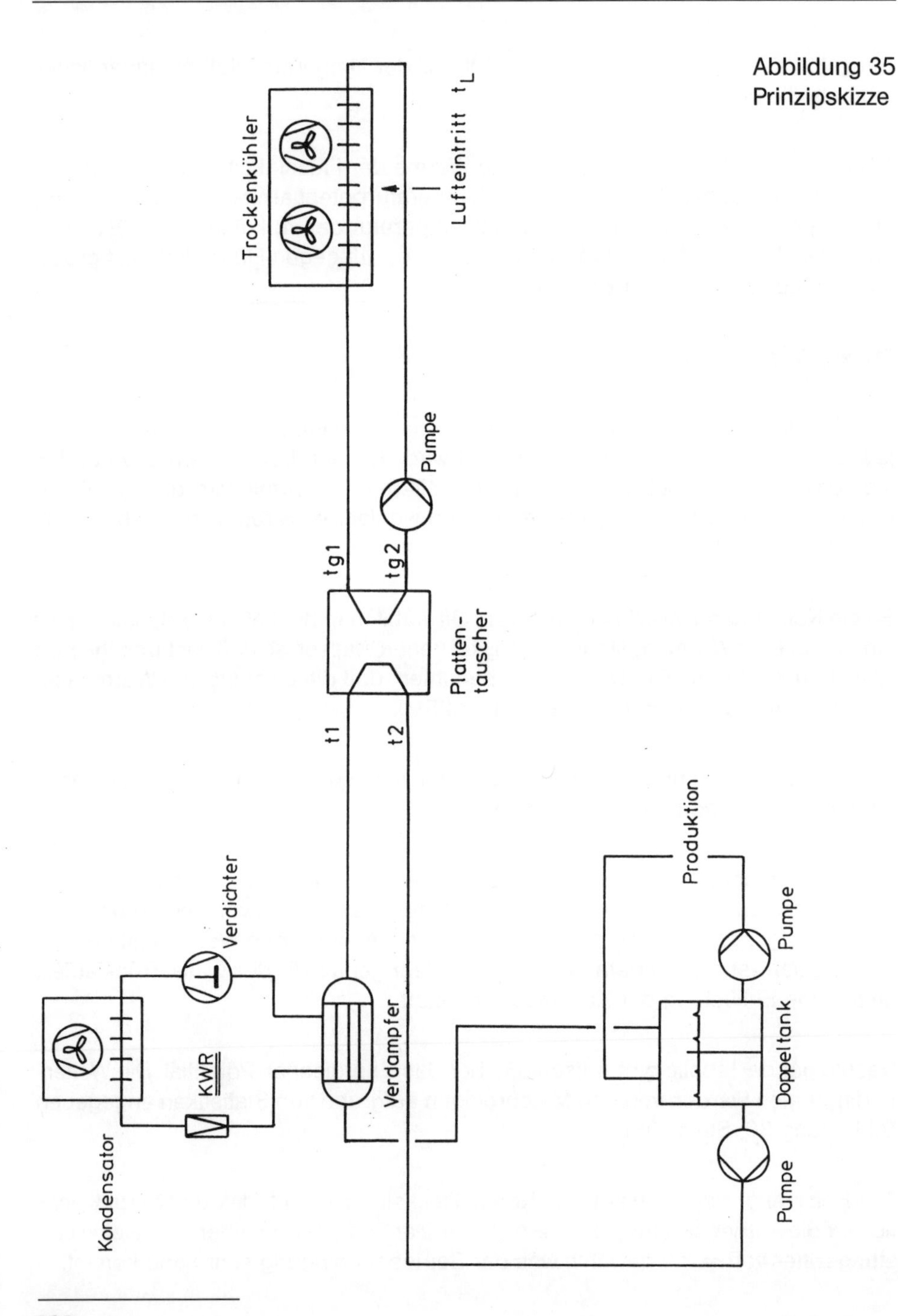

Abbildung 35
Prinzipskizze

Basisleistung: 110 kW		Kühlwassertemperatur t1 / t2					
		* 10 / 14 °C		* 18 / 22 °C		* 22 / 26 °C	
Außentemperatur t_L (°C)	Stunden pro Jahr (h/a) **	Leistung GLY (kW)	Leistung × Std. (kWh)	Leistung GLY (kW)	Leistung × Std. (kWh)	Leistung GLY (kW)	Leistung × Std. (kWh)
32	7						
30	14						
28	39						
26	78						
24	145						
22	228						
20	348						
18	499					21,7	10 828,30
16	648					24,9	16 135,20
14	733			22,0	16 126,00	53,4	39 142,20
12	730			26,3	19 199,00	77,2	56 356,00
10	657			52,0	34 164,00	99,8	65 568,60
8	650			76,6	49 790,00	110,0	71 500,00
6	659	22,6	14 893,00	99,6	65 836,40	110,0	72 490,00
4	684	34,1	23 324,00	110,0	75 240,00	110,0	75 240,00
2	705	45,8	32 289 00	110,0	77 550,00	110,0	77 550,00
0	688	72 5	49 880,00	110,0	75 680,00	110,0	75 680,00
-2	454	98,0	44 492,00	110,0	49 940,00	110,0	49 940,00
-4	317	110 0	348 70,00	110,0	34 870 00	110,0	34 870,00
-6	188	110,0	20 680,00	110,0	20 680,00	110,0	20 680,00
-8	128	110,0	14 080,00	110,0	14 080,00	110,0	14 080,00
-10	67	110,0	7 370 00	110,0	7 370,00	110,0	7 370,00
-12	46	110,0	5 060,00	110,0	5 060,00	110,0	5 060,00
-14	48	110,0	5 280,00	110,0	5 280,00	110,0	5 280,00
		Summe:	252 218,00 kWh		550 865,40 kWh		697 770,30 kWh
		*** Quotient	3,5		3,5		3,5
		eingesparte el. Arbeit	72 062 kWh		157 390 kWh		199 362 kWh

* Temperatur-Differenz 4K Primär-/Sekundärseite Plattentauscher

** lt. meteor. Wetterdienst Berlin

*** Quotient 3,5 = el. Leistungsaufnahme eines Kälteverdichters

Abbildung 36 Energiespar-Potential

5.4.7 Aufgaben

(Lösungen siehe Seite 160–163)

1. Ein Verdichter hat bei einer Kälteleistung von 7300 Watt eine Leistungsaufnahme des Antriebs von 4 kW am Leistungspunkt.
   Welche Leistung muß der Kondensator haben?
2. Ein Kondensator mit einer Leistung von 12 540 W hat eine Zuluft mit + 32° C und eine Abluft mit 40° C.
   Welche Luftmenge müssen seine Ventilatoren fördern?
3. Der Kondensator voriger Aufgabe sei wassergekühlt. Wassereintrittstemperatur + 16° C, Wasseraustrittstemperatur + 28° C.
   Wie hoch ist der Wasserverbrauch?
4. Ein Kondensator hat eine Leistung von 5 080 W bei einer mittleren Temperaturdifferenz von 10° zwischen Kältemittel und Luft.
   Wie hoch ist sein k-Wert bei einer Oberfläche von 23 m²?
5. In einer Bierkühlung sollen im Schlangenwasserbadkasten 325 W übertragen werden. Bei ruhigem Wasser wird als k-Wert 122 W/m² K genannt. $\Delta T = 7$ K.
   Wieviel Meter Cu-Rohr 12 mm müssen gewickelt werden?
6. Sie sollen einen luftgekühlten Kondensator aus Cu-Rohr 12 x 1 bauen. Die Leistung der Kältemaschine betrage 120 W bei 40 W Antrieb. $t_0 = -10°$, $t = +30°C$. Benennen Sie ungefähre Werte für den k-Wert, die notwendige Leistung des Kondensators, die Länge des Rohres, wenn es mit Ventilatorluft angeblasen wird. Temperaturunterschied Kältemittel/Luft im Mittel 10 K.
7. Berechnen Sie den Wärmedurchgang durch eine 25 m² große Wand, die einen k-Wert von 0,2 Einheit hat und $\Delta t = 10, 15, 20, 30, 40°$.
8. Berechnen Sie den k-Wert einer Isolierschicht in 10 cm, 20 cm und 6 cm Stärke, wenn die Wärmeleitzahl 0,034 $\frac{W}{mK}$ beträgt. Wärmeübergang zu beiden Seiten $\alpha = 8{,}82\ \frac{W}{m^2K}$.

6. Kältemittel-Einspritzung

Nachdem es im Kondensator verflüssigt wurde, gelangt das Kältemittel über die Flüssigkeitsleitung zum Verdampfer, in den es vom Expansionsventil eingespritzt wird. Dabei gerät das Kältemittel von einem hohen Druckniveau auf ein niedriges, es expandiert und kann dank seines niedrigen Drucks verdampfen.

Das Expansionsventil stellt also die Trennstelle zwischen der Hochdruckseite und der Niederdruckseite einer Kälteanlage dar.

Somit handelt es sich um das Gegenstück des Verdichters, der für die Kompression des Kältemittelgases sorgt. Das Expansionsventil ist nichts anderes als eine Drosselvorrichtung, bei deren komplizierter Ausführung eine automatische Regelung stattfindet.

Die einfachste Möglichkeit der Drosselung besteht darin, das Kältemittel durch ein einstellbares Ventil einspritzen zu lassen, wobei die Öffnung der Drosseldüse mit Hilfe eines Handrades verstellt wird. Solche Lösungen fanden früher z.B. bei großen Ammoniak-Anlagen tatsächlich Verwendung; sie arbeiten jedoch sehr unwirtschaftlich, nicht zuletzt deshalb, weil die Ventileinstellung ständig von einem Maschinisten überwacht werden muß.

6.1 Das Kapillarrohr

Eine bei sehr kleinen Kälteanlagen verbreitete Vorrichtung zur Kältemittel-Einspritzung ist das Kapillarrohr. Das Kältemittel wird durch ein langes, extrem dünnes Haarrohr geleitet und damit entsprechend gedrosselt. Die Durchlässigkeit des Kapillarrohres richtet sich nach seinem Durchmesser und seiner Länge; abgestimmt wird sie nicht direkt auf die Maschinenleistung, sondern auf die Verdampferleistung.

Wenngleich sehr preiswert, ist diese Vorrichtung aufgrund ihrer Unwirtschaftlichkeit nur bei sehr kleinen Anlagen einsetzbar. Sie findet Verwendung bei Kühlschränken und Kühlmöbeln, die in großen Serien gefertigt werden. Solche Anlagen besitzen keinen Sammler, weil sonst im Stillstand noch Kältemittel nachströmen würde.

6.2 Das automatische Expansionsventil

Die Funktionsweise des automatischen Expansionsventils ist aus Abbildung 37 ersichtlich (Seite 106).

Abbildung 37
Automatisches Expansionsventil

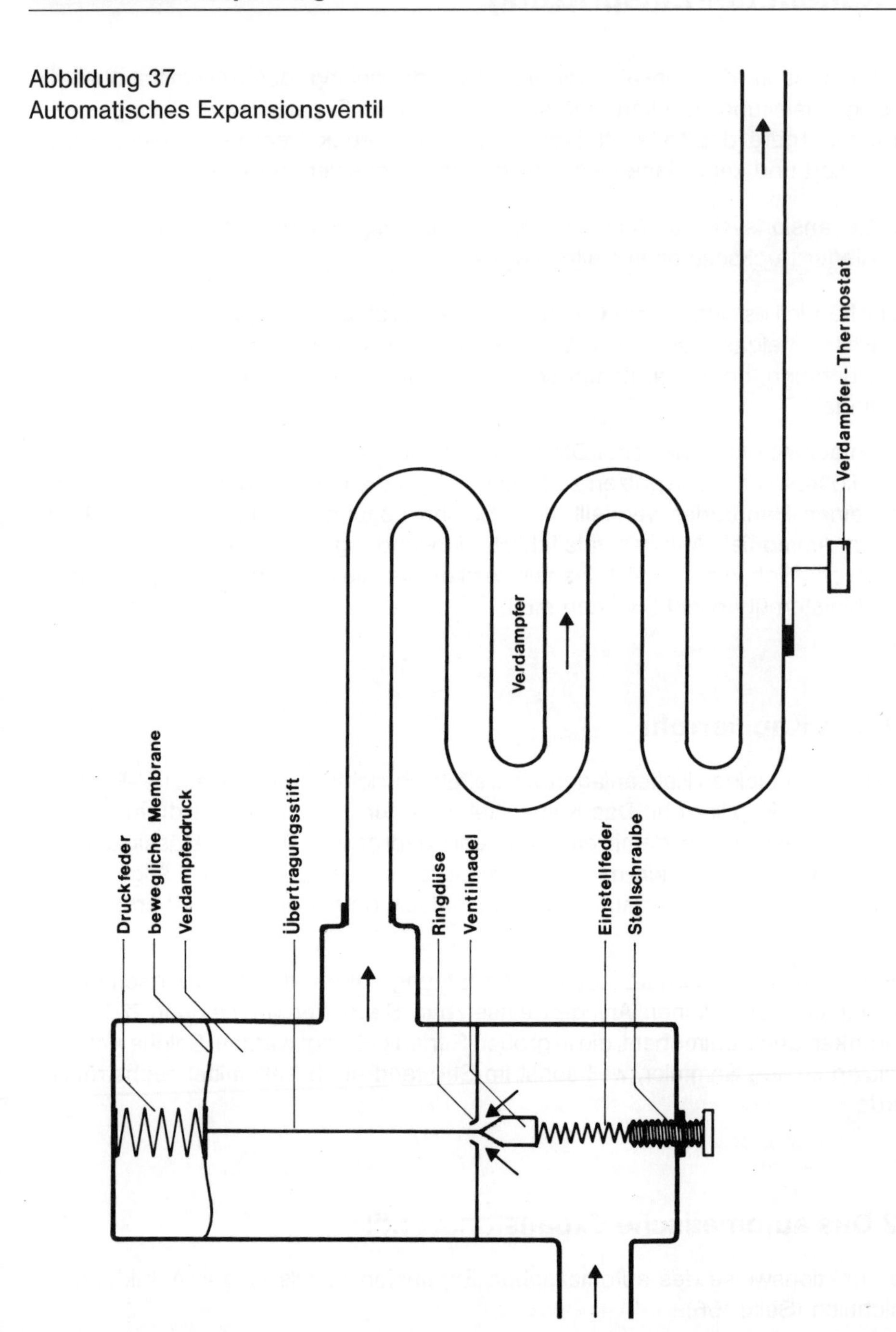

Eine Feder drückt von oben her auf eine Membrane (bewegliche Metallplatte); dieser Druck wird von einem Übertragungsstift an die Ventilnadel weitergegeben. Von unten her wirkt der Kältemitteldruck gegen Feder und Membrane. Herrscht im Verdampfer ein nur geringer Kältemitteldruck, so daß auf die Feder kein Gegendruck ausgeübt wird, bewegt sich die Ventilnadel nach unten; dabei vergrößert sich der Ringspalt, das Ventil ist weiter geöffnet.

Im Stillstand der Anlage ist der Verdampferdruck hoch, das Ventil bleibt daher geschlossen. Beim Start der Maschine sinkt der Druck, weil der Verdichter saugt; das Ventil öffnet. Da das Kühlgut in diesem Stadium noch recht warm ist, bleiben Kältemitteldruck und Verdampfungstemperatur verhältnismäßig hoch. Erst mit fortschreitender Abkühlung beginnt der Druck langsam zu sinken, wobei das Ventil zunehmend öffnet, weil es bestrebt ist, den Druck konstant zu halten (schließlich handelt es sich hier um ein Konstantdruck-Ventil).

Bei Verwendung dieses Ventiltyps wird der Verdampfer schlecht ausgenutzt, weil im Start nicht die gesamte mögliche Kältemittelmenge eingespritzt werden kann; eine **Parallelschaltung mehrerer Verdampfer ist** wegen der nicht beherrschbaren Regelung **nicht möglich**.

Bei Kapillarrohren gibt es kein Schließen im Stillstand der Anlage; zwischen Hoch- und Niederdruckseite findet ein Druckausgleich statt. Deshalb braucht der Antriebsmotor des Verdichters kein erhöhtes Anlaufmoment, um zu starten. Werden Kapillarrohre durch automatische Expansionsventile ersetzt, sind zur Vermeidung von Startschwierigkeiten nur solche Ventile zu verwenden, die eine entsprechende Ausgleichsbohrung besitzen.

6.3 Das thermostatische Expansionsventil

Vom automatischen Expansionsventil unterscheidet sich das thermostatische insbesondere dadurch, daß der Federdruck oberhalb der Membrane ersetzt wird durch den Druck, den ein in einer Fühlerpatrone eingeschlossenes Gas ausübt. Ein Federdruck existiert lediglich zum Verstellen. Die am Ausgang des Verdampfers (Beginn der Saugleitung) befestigte Fühlerpatrone ist mit dem Raum oberhalb der Membrane durch ein Kapillarrohr verbunden. Da das im Fühler eingeschlossene Gas den Gasgesetzen gehorcht, bei Erwärmung also einen Druckanstieg und bei Abkühlung eine Drucksenkung hervorruft, geschieht beim Anlaufen des Aggregates folgendes:

Der Verdichter saugt Kältemittel an, wodurch im Verdampfer eine Drucksenkung bewirkt wird. Da das Ende des Verdampfers naturgemäß warm ist, ist der Fühlerdruck entsprechend hoch; die Membrane kann kräftig gegen den Ventilstift drükken, das Ventil ist weit geöffnet. Dadurch strömt so viel Kältemittel in den Verdampfer ein, daß alle Rohrschlangen bis zum Verdampferende benetzt sind. Ist das flüssige Kältemittel am Verdampferende angelangt, sinkt mit der Abkühlung des Fühlers der Druck des eingeschlossenen Gases; das Ventil beginnt zu schließen.

Dieser Vorgang wiederholt sich ständig: Das Ventil öffnet, weil das Verdampferende sich erwärmt hat; sehr viel Kältemittel strömt ein, wodurch das Verdampferende wieder abkühlt und das Ventil schließt; daraufhin wird das Verdampferende wieder wärmer usw. (Abbildung 38 Seite 109).

6.4 Die Überhitzung, Regelsignal für die Kältemittel-Einspritzung

Nach dem Verdampfen wird das Kältemittel-Gas bei gleichbleibendem Druck überhitzt.

Das gasförmige Kältemittel nimmt eine höhere Temperatur an als das verdampfende. Diese Differenz zwischen der Verdampfungstemperatur und der Temperatur des Gases am Austritt des Verdampfers ist ein Kriterium dafür, daß tatsächlich das gesamte Kältemittel seinen Aggregatzustand geändert hat. Darauf reagiert das Expansionsventil.

Hiermit ist auch sichergestellt, daß kein flüssiges Kältemittel zum Verdichter gelangt, den die Flüssigkeit andernfalls zerstören würde.

Das thermostatische Expansionsventil gewährleistet eine wirklich wirtschaftliche Ausnutzung der Verdampferfläche, weil die in den Verdampfer eintretende Kältemittelmenge tatsächlich geregelt wird.

Die Überhitzung ist das Regelsignal für das Expansionsventil.

Dieses Signal besagt:

1. Das gesamte Kältemittel ist verdampft.
2. Der Verdampfer ist für optimalen und maximalen Wärmeaustausch vollständig mit Kältemittel beaufschlagt.
3. Der Verdichter kann nicht durch flüssiges Kältemittel Schaden nehmen.
4. Der maximal mögliche Verdampfungsdruck ist stetig eingestellt.

Abbildung 38
Thermostatisches
Expansionsventil

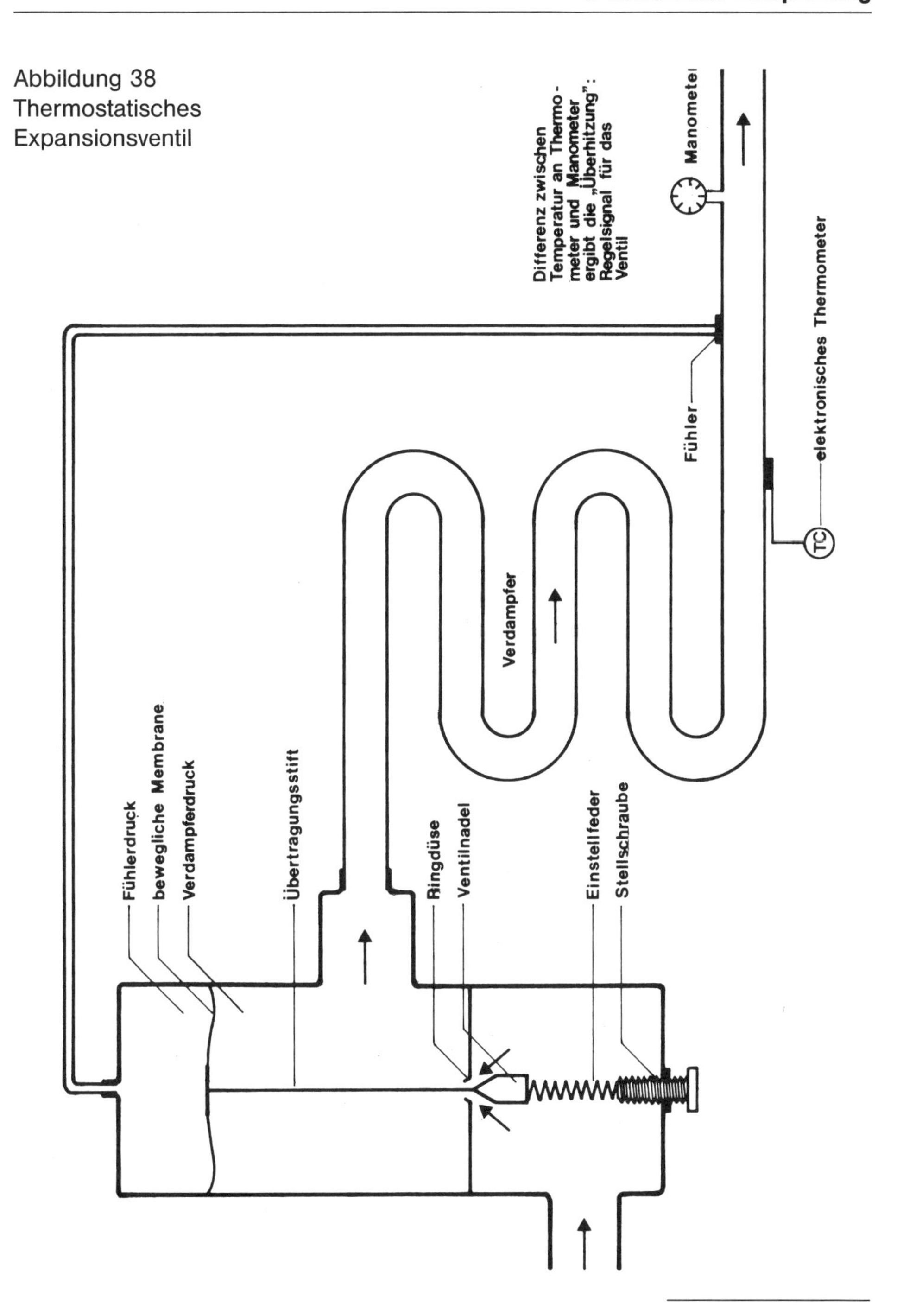

Die Überhitzung ist meßbar. Man kann den Verdampfungsdruck, und damit die davon abhängige Verdampfungstemperatur, mit Hilfe eines Manometers am Verdampferaustritt erfassen. Auf der Oberfläche des am Verdampfer austretenden Rohres kann mit Hilfe eines Oberflächenthermometers eine Temperatur gemessen werden, die der Überhitzung zuzüglich der Verdampfungstemperatur entspricht.

Die Differenz zwischen dem am Manometer erfaßten Temperaturwert (die Verdampfungstemperatur ist dem Verdampfungsdruck proportional) und dem am Thermometer ermittelten Wert entspricht der Überhitzung.

Sie beträgt erfahrungsgemäß 5–7 K. An der Federschraube des Expansionsventils läßt sich die Überhitzung einstellen. Werksseitig besitzen thermostatische Expansionsventile aber eine Einstellung, die nicht verändert werden sollte.

Die Überhitzung darf niemals mit der Verdampfungstemperatur verwechselt werden.

Die Ventilhersteller unterscheiden zwischen der **statischen Überhitzung**, der **Öffnungs-** und der Arbeitsüberhitzung. Die statische Überhitzung ergibt sich von vornherein aus der Einstellung der Regulierfeder. Diese Vorgabe bezieht sich auf den Wert, bei dem das Ventil zu öffnen beginnt, jedoch noch kein Kältemittel hindurchfließt. Die Öffnungsüberhitzung bezeichnet denjenigen Anteil der Überhitzung, durch den der steigende Fühlerdruck den Federdruck überwindet. Die Arbeitsüberhitzung ist die eigentliche Überhitzung und ergibt sich aus der Summe der statischen und der Öffnungsüberhitzung.

Zur Unterscheidung: Die Verdampfungstemperatur ergibt sich aus dem Verhältnis zwischen Verdampferleistung und Verdichterleistung.

Die Überhitzungstemperatur ergibt sich aus der Einstellung des Expansionsventils.

Beide Größen haben nichts miteinander zu tun.

Die Überhitzung wird eingestellt nach:

1. der Regelmöglichkeit des Expansionsventils;

2. der Maschinensicherheit.

Thermostatische Expansionsventile gibt es in vielen Ausführungen. Dabei sind verschiedene Fühlerfüllungen entwickelt worden, die in unterschiedlichen Zeiten reagieren (Zeitverhalten). Es gibt:

1. **Mit Flüssiggas gefüllte Fühler** (reagieren schnell und präzise);

2. **gasförmig gefüllte Fühler;**
3. **Absorptionsfüllungen,** bei denen das Gas temperaturabhängig von einem anderen Stoff aufgenommen wird (eliminiert den Einfluß des Kapillarrohres, das unter Umständen auf wechselnde Raumtemperaturen reagiert);
4. **Elektrische Fühler** mit entsprechenden Ventilen, die eine sehr genaue Regelung ermöglichen; daraus ergibt sich eine sehr geringe Überhitzung und, hiermit verbunden, eine höhere Wirtschaftlichkeit, ferner eine schnellstmögliche Anpassung an unterschiedliche Arbeitsbedingungen (insbesondere Lastwechsel), eine geringe Beeinflußbarkeit durch Störfaktoren wie Kapillarrohre usw., ein Abschalten des Kältemittelstromes im Schwachlastfall oder beim Ausschalten der Anlage (so daß der Einsatz von Magnetventilen in der Flüssigkeitsleitung nicht unbedingt erforderlich ist).

6.5 Das thermostatische Expansionsventil mit äußerem Druckausgleich

Thermostatische Expansionsventile sprechen auf den am Anfang des Verdampfers herrschenden Druck an. Ist das Rohrsystem des Verdampfers besonders lang, so entsteht durch die Kältemittel-Strömung ein Druckabfall, der sich als Differenzdruck zwischen Anfang und Ende des Verdampfersystems bemerkbar macht. Somit wird das Regel-Ergebnis des Ventils verfälscht.

Um nun den am Ende des Verdampfers anstehenden Druck auf die Ventilmembrane wirken zu lassen, wird der Innenraum des Ventils in zwei Bereiche unterteilt. An den oberen Bereich wird zur Druckübertragung ein Rohr angeschlossen, das das Verdampferende mit dem Ventilraum verbindet. Dadurch wird der Druckabfall bei der Regelung berücksichtigt.

Der Übertragungsstift wird mit Hilfe einer Stopfbuchse gasdicht durch die Trennwand geführt.

Mit dieser Konstruktion wird die Leistung von Kälteanlagen erheblich verbessert (Abbildung 39 Seite 112).

6.6 Mehrfacheinspritzung

Um den problematischen Druckabfall zu reduzieren, wird der Verdampfer ab einer bestimmten Größenordnung in mehrere Bereiche eingeteilt, die rohrseitig parallel geschaltet sind.

Abbildung 39: Thermostatisches Expansionsventil mit äußerem Druckausgleich

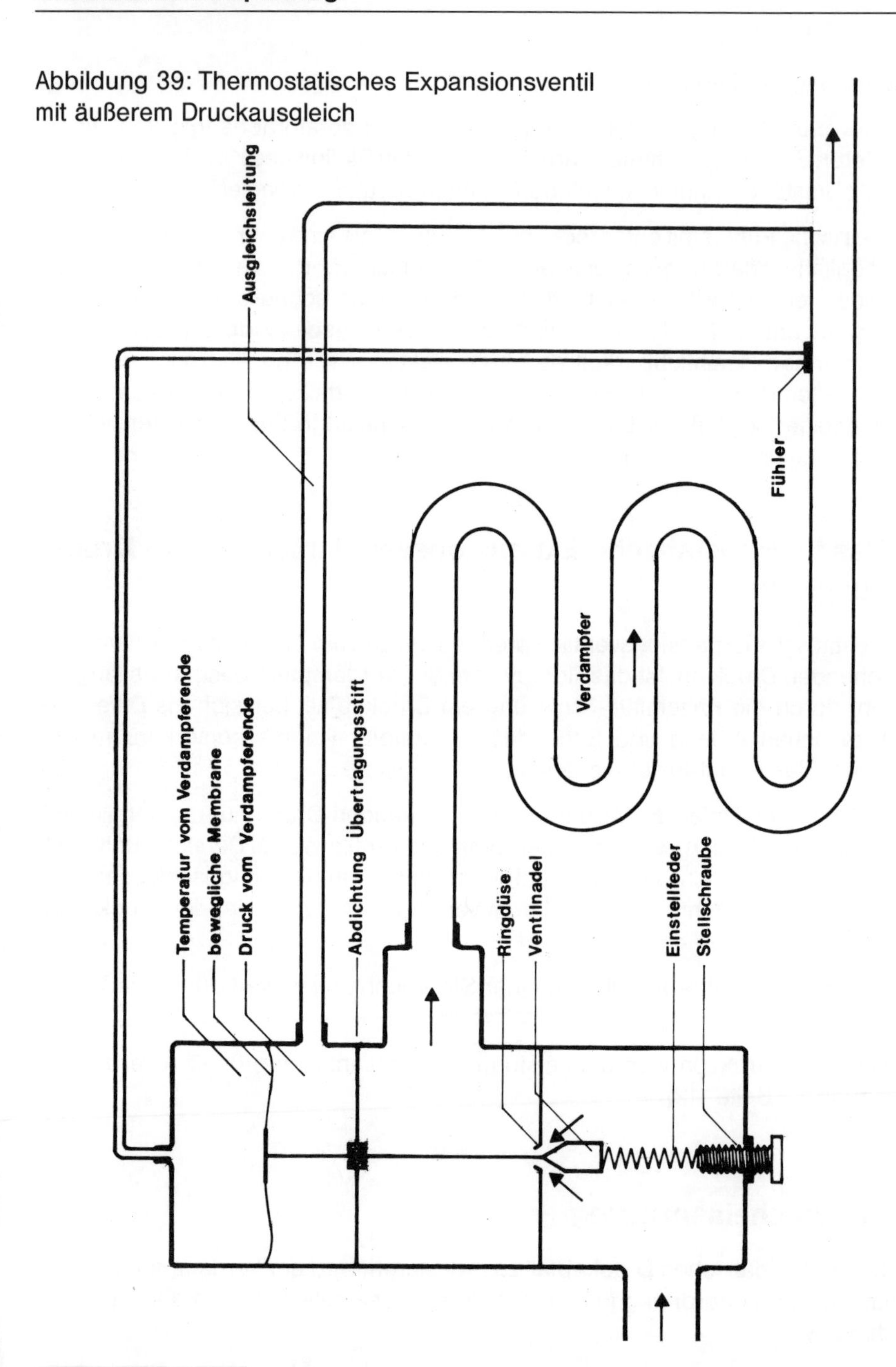

Die Einspritzung erfolgt in jeden einzelnen dieser Bereiche. Um hierzu nicht mehrere Expansionsventile einsetzen zu müssen, wird hinter dem Regelventil ein Verteiler, die sogenannte **Nachspritzdüse**, eingebaut, von wo dünne Einspritzleitungen in die Verdampferbereiche führen.

Hier ist der Einsatz des äußeren Druckausgleichs Voraussetzung für die Funktion, weil der Verdampferdruck sonst nicht erfaßt werden würde.

Saugseitig werden die Verdampferbereiche in einem Sammelrohr zusammengefaßt. Wichtig ist eine gleichmäßige Belastung aller Verdampferbereiche (Abbildung 40).

Werkfoto REISNER

Abbildung 40

6.7 Überflutung

Es gibt Verdampferkonstruktionen, die anstelle der Kältemittel-Einspritzung mit flüssigem Kältemittel geflutet werden; das verdampfte Kältemittel wird von oben abgesaugt. Das Kältemittel-Niveau, die Füllhöhe, wird hier von einem **Niveauregler** bestimmt, der auch als **Schwimmregler** bezeichnet wird.

6.8 Die Dimensionierung von Expansionsventilen

Die Größe des Expansionsventils wird durch den **Ringspalt**, der sich aus Bohrung und Ventilnadel ergibt, bestimmt.

Der für die jeweilige Kälteleistung benötigte Kältemittel-Massenstrom muß, bei gegebenem Unterschied zwischen dem Verdampfungsdruck und dem vor dem Expansionsventil herrschenden Kältemitteldruck, diesen Ringspalt passieren können.

Der Verdampferdruck läßt sich für die jeweils gewünschte Verdampfungstemperatur anhand der Dampftabellen ermitteln.

Der vor dem Expansionsventil herrschende Druck des Kältemittels darf keinesfalls dem Kondensationsdruck gleichgesetzt werden. Der Druckabfall in der Flüssigkeitsleitung ist häufig sehr hoch; ebenso spielen die Differenzhöhen zwischen Kondensator und Verdampfer eine große Rolle (vgl. hierzu Kapitel 8).

Wichtig ist, daß ein Expansionsventil einen großen Leistungsbereich besitzt und Lastschwankungen zu verarbeiten vermag. Dies gilt insbesondere dann, wenn ein Verdichter mit Leistungsregelung arbeitet. Wenn nur ein Verdampfer angeschlossen ist, der in einigen Betriebsphasen nur zur Hälfte belastet wird, kann das Expansionsventil häufig nicht weit genug schließen.

Beim Start von Kältemaschinen, deren Verdampferseite im Stillstand sehr warm ist, öffnet das Ventil sehr weit, so daß entsprechend viel Kältemittel in den Verdampfer strömt. Damit steigt die Verdampfungstemperatur, die Kälteleistung und schließlich der Energiebedarf des Antriebsmotors, der dann unter Umständen ebenso wie der Kondensator überlastet ist.

Um dies zu vermeiden, gibt es Ventile, bei denen der auf die Ventilmembrane ausgeübte Druck oberhalb einer festgelegten Fühlertemperatur nicht weiter zunimmt. Dadurch öffnet das Ventil in der warmen Phase nicht weiter als in der kalten. Man bezeichnet diese Ventil-Ausführung als **Maximal-Operations-Pressure (MOP)**.

7. Einige Sekundärregler

Das Expansionsventil ist ein **Primärregler**, weil es für die Funktion einer Kühlanlage unverzichtbar ist.

Andere Regler im Kältekreislauf bezeichnet man als **Sekundärregler**. Zu ihnen gehört auch die Heißgas-Bypass-Regelung, die bereits erläutert wurde.

7.1 Verdampferdruckregler

Der Verdampfungsdruck, und mit ihm die Verdampfungstemperatur, ergeben sich grundsätzlich aus dem abgestimmten Verhältnis zwischen Verdampfer- und Verdichterleistung. Die Verdampferleistung ist unmittelbar abhängig von der Temperaturdifferenz zwischen Kühlmedium und Verdampfungstemperatur.

Hielte man den Verdampfungsdruck, und damit die Verdampfungstemperatur, künstlich hoch, so hätte dies eine Minderung der Verdampferleistung zur Folge.

Ein entsprechender Regler, am Verdampferende in die Saugleitung eingesetzt, würde also die Verdampfungstemperatur nach unten begrenzen. Dies geschieht mit Hilfe des Verdampferdruckreglers, der im Grunde ein Kostantdruckventil ist.

Diese Maßnahme wird angewendet, um z.B. ein zu starkes Absinken der Temperaturen zu vermeiden oder um beim Anschluß mehrerer Verdampfer an ein System unterschiedliche Verdampfungstemperaturen einstellen zu können. Der Regler kann auch so eingestellt werden, daß eine Vereisung von Verdampfern knapp verhindert wird.

Regler mit einer **motorisch angetriebenen Verstellung** ermöglichen mit Hilfe von Fühlern und Übertragungselementen einen richtigen Regelvorgang. Auf diese Weise ist die Temperatur des Kühlmediums (Luft oder Flüssigkeit) stetig regelbar. Solch eine stetige Regelung ist einer Ein/Aus-Regelung des Verdichters überlegen; mit ihrer Hilfe lassen sich extreme Genauigkeiten erreichen.

Auf die Funktion des Expansionsventils muß in diesem Zusammenhang noch einmal hingewiesen werden. Wenn der Verdampferdruckregler sehr weit schließt, kann das Expansionsventil nicht vollständig folgen und es treten Probleme auf, wie z.B. ein sinnloses Überfluten des Verdampfers mit flüssigem Kältemittel.

Man beachte die Leistungsziffer ε_c, für die der Saugdruck am Verdichter maßgebend ist. Bleibt der Verdampferdruck hoch bei tiefem Saugdruck, arbeitet die Anlage unwirtschaftlich (Abbildung 41 Seite 116).

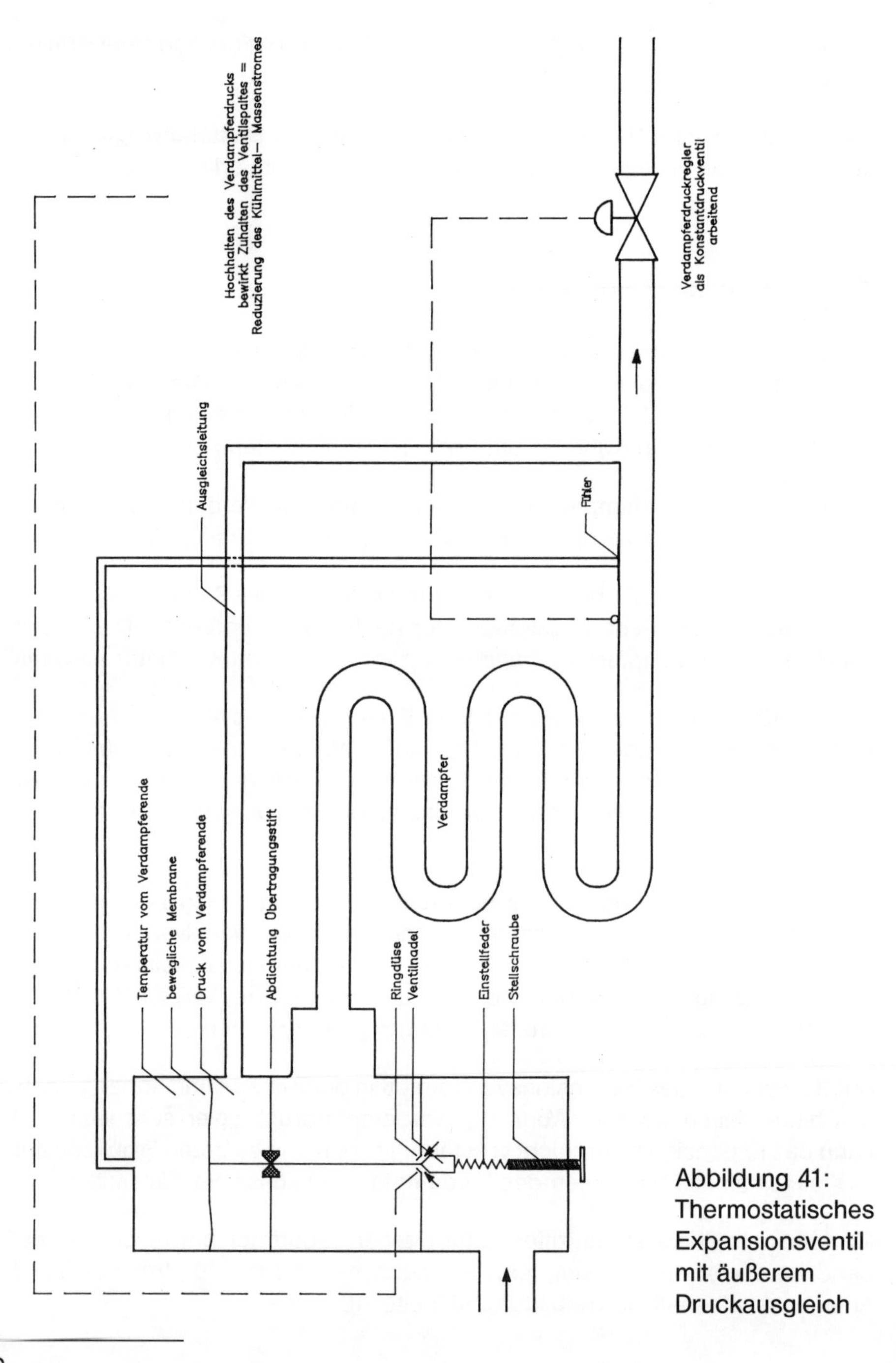

Abbildung 41:
Thermostatisches
Expansionsventil
mit äußerem
Druckausgleich

7.2 Der Startregler

Der Startregler ist ähnlich dem Verdampferdruckregler ein Konstantdruck-Ventil. Es begrenzt den Saugdruck am Verdichter nach oben.

Arbeitet beispielsweise eine Tiefkühlanlage bei einer Verdampfungstemperatur von −35°C, so mag sie eine Kälteleistung von 10 kW haben. Steigt die Verdampfungstemperatur auf −20°C an, so hat sie die doppelte Leistung, die dann auch vom Antriebsmotor des Verdichters und vom Kondensator verarbeitet werden muß.

Läuft solch eine Anlage nach dem Abtauen erneut an, so öffnet das Expansionsventil unter Umständen so weit, daß die Verdampfungstemperatur derart hohe Werte annimmt. Ist die Anlage darauf nicht ausgelegt, so wird sie sich über die Sicherheitskette abschalten. Der in die Saugleitung eingebaute Startregler hingegen wird den Kältemittelstrom so stark drosseln, daß die Kälteleistung entsprechend reduziert ist.

Natürlich ist dann die Abkühlungsgeschwindigkeit weniger hoch.

Sehr wichtig kann der Einsatz dieser Startregler an Flüssigkeitskühlern sein, wenn die Temperaturen der abzukühlenden Flüssigkeiten sehr hohe Werte erreichen. Dann bieten sie den Kältemaschinen einen wirksamen Schutz.

Eine unbegrenzte Drosselwirkung darf von Startreglern allerdings nicht erwartet werden. Insbesondere kann es vorkommen, daß die Expansionsventile ungenügend schließen, der Verdampfer sich mit flüssigem Kältemittel füllt und am Startregler ein Expansionseffekt auftritt; der Verdichter erhält dann unterkühltes Kältemittel und das Öl wird verdünnt.

8. Rohrleitungen an Kälteanlagen

8.1 Anforderungen

Die bei Halogen-Kältemitteln vorkommenden Leitungen bestehen aus Kupfer, bei Ammoniak aus Stahl.

Bei Cu-Rohren ist die Wandstärke bis zu einem Durchmesser von 22 mm gleich 1 mm, bei größeren Durchmessern 1,5 mm. Sind die Rohrdurchmesser größer als 42 mm, so wird eine Wandstärke von 2 mm gewählt, um die nötige Festigkeit zu erhalten. Kupferrohre lassen sich besonders gut bearbeiten und sind stabil gegen chemische Einflüsse.

Die Rohrleitungen sind die Bindeglieder der einzelnen Anlagenkomponenten. Durch sie wird das Kältemittel in seinen verschiedenen Aggregatzuständen transportiert. Der korrekten Dimensionierung und der sauberen Verarbeitung kommt daher eine besondere Bedeutung zu. Auch innen müssen die Rohre vollkommen sauber bleiben.

Die Rohrleitungen sind großen Belastungen ausgesetzt. Eine enorme Belastung stellt der Druck dar, den das Kältemittel ausübt. Die Verlegung muß daher so erfolgen, daß von außen keine weiteren Belastungen hinzugefügt werden (Befestigungen an den Rohren usw.).

Es ist für eine ausreichende Aufhängung zu sorgen. Dazu dienen Rohrschellen, die in kurzen Abständen zu plazieren sind; die Industrie bietet hierfür komplette Systeme an.

Geräusche können über die Rohrleitungen durch **Schwingungsverhalten** übertragen werden. Um innere Schwingungen durch Pulsationen aus Kolbenverdichtern zu vermeiden, kann zur Dämpfung ein sogenannter **Muffler** eingebaut werden. Gegen äußere Schwingungen werden **Schwingungsdämpfer** eingesetzt, bei denen es sich im Grunde um bewegliche Schläuche handelt.

Die Leitungen müssen vollkommen dicht verarbeitet werden. Stahlrohre werden geschweißt, Cu-Rohre gelötet.

Das Löten führt wegen der starken Erhitzung innerhalb der Rohrleitung zu einer starken **Reaktion des Luftsauerstoffs**, die man **Zunderbildung** nennt. Der schwarze Zunder legt sich ins Innere der Leitungen und führt zur Verschmutzung. Dies wird vermieden, indem während des Lötvorgangs Stickstoff durch die Rohre geblasen wird.

Wichtige lösbare Verbindungsarten sind bei dicken Rohren die **Flansche**, bei dünnen die **Bördelverschraubungen**. Für Stahlrohre gibt es spezielle Schneidring-Verschraubungen. Diese Bauteile sind vollständig genormt, am Markt sind sämtliche Verschraubungen für alle Dimensionen erhältlich.

Lösbare Verbindungen müssen überall dort eingesetzt werden, wo Anlagenkomponenten wegen möglicher Defekte ausgewechselt oder gewartet werden sollen.

8.2 Die verschiedenen Kältemittel-Leitungen

Im Kältekreislauf unterscheidet man folgende Leitungen:

1. Die **Flüssigkeitsleitung** zwischen Sammler und Expansionsventil;
2. die **Einspritzleitung** zwischen Expansionsventil und Verdampfer;
3. die **Saugleitung** zwischen Verdampfer und Verdichter;
4. die **Druckleitung** zwischen Verdichter und Kondensator;
5. die **Steuerleitungen**, an die die Regler und Druckschalter angeschlossen werden.

Für alle diese Leitungen sind bei der Bearbeitung und Dimensionierung bestimmte Gesetzmäßigkeiten zu beachten.

Der Durchmesser der Leitungen ist abhängig vom Volumenstrom des Kältemittels und von der Strömungsgeschwindigkeit. Der Volumenstrom ist abhängig vom Aggregatzustand und daher leicht berechenbar. Die anzunehmende Strömungsgeschwindigkeit wird anhand von Erfahrungswerten vorgegeben. Sie soll nicht zu groß sein, weil sonst der Druckverlust mit der Strömung so groß wird, daß die Kälteleistung der Anlage maßgeblich beeinflußt wird; sie soll nicht zu gering sein, weil sonst das aus dem Verdichter herausgeschleuderte Öl nicht mitgerissen und daher nicht zurückgeführt wird.

Die Geschwindigkeiten in den Leitungen betragen:

Saugleitung	6–30 m/s
Flüssigkeitsleitung	0,8–1 m/s
Druckleitung	8–20 m/s

Besonders bei Anlagen mit einer Leistungsregelung ist darauf zu achten, daß die minimalen Geschwindigkeiten auch im Schwachlastbetrieb erhalten bleiben.

Notfalls müssen zwei dünnere Leitungsstränge parallel verlegt werden, von denen bei Schwachlast nur einer genutzt wird.

8.3 Einige Einbauten in kältemittelführende Leitungen

8.3.1 Ölrückführung

Damit das Öl in langen, nach oben führenden Steigleitungen mittransportiert wird, werden Flüssigkeitssäcke in Form von Rohrbögen eingebaut. Im Stillstand sammelt sich das Öl darin. Es verengt den Rohrquerschnitt und wird beim Anlagenanlauf durch die dadurch erhöhte Strömungsgeschwindigkeit mitgerissen.

Besonders bei umfangreichen Rohrnetzen soll es hinter den Verdampfern Möglichkeiten geben, Öl abzulassen, das nicht zurückgeführt wurde.

In die Druckleitung eingebaute, wohl dimensionierte **Ölabscheider** verringern das Problem der **Ölrückführung**. Sie entbinden aber nicht davon, daß die Leitungsverlegung mit Rücksicht auf das Öl erfolgen muß.

Ölabscheider nehmen den größten Teil des aus dem Verdichter herausgeschleuderten Öls auf; über ein Schwimmerventil wird es in die Kurbelwanne zurückgeführt. In der Rückführungsleitung sollen ein Kältemittel-Schauglas und ein Absperrventil eingebaut sein.

8.3.2 Schauglas

Es empfiehlt sich, hinter dem Trockner ein **Kältemittel-Schauglas** in die Flüssigkeitsleitung einzubauen. Die volle Leistung der Anlage ist nur erreichbar, wenn ständig flüssiges Kältemittel ohne Gasanteile vor dem Expansionsventil steht. Ist das Schauglas bei laufender Anlage klar und zeigt es kein Sprudeln, so ist die Füllung in Ordnung, der Trockner nicht verstopft.

Häufig sind diese Schaugläser zusätzlich mit einem Indikatorpapier versehen, das sich bei vorhandener Feuchtigkeit verfärbt (Abbildung 42).

8.3.3 Wärmetauscher

Werden Kältemittel-Leitungen durch sehr warme Räume geführt, so strahlt Wärme in die Flüssigkeitsleitung ein, was zur Entstehung von Gasblasen führt und den **Unterkühlungseffekt des Kondensators zunichte macht**. Man kann diese Situation durch den Einbau eines **Wärmetauschers zwischen Flüssigkeits- und Saugleitung stabilisieren**. Dadurch wird das flüssige Kältemittel wieder unterkühlt.

Der Effekt, daß dabei das Sauggas erwärmt wird, kann sich positiv auf die Bereifung der Saugleitung bzw. auf die notwendige Isolierstärke auswirken. Daher werden bei

Werkfoto
REISNER

Abbildung 42

Tiefkühlanlagen sehr gern Wärmeaustauscher eingesetzt. Oft genügt es, wenn Saug- und Flüssigkeitsleitung über eine bestimmte Strecke aneinandergelötet sind.

8.3.4 Absperrventile

Benutzt werden **Kugelabsperrventile**. Davon sollen so viele eingebaut werden, daß das System gut beherrschbar und ein schneller Wechsel defekter Einbauten möglich ist. Bei großen Systemen soll vor jedem Verdampfer ein Absperrventil, ein Schauglas und ein Trockner montiert sein, hinter jedem Verdampfer ein Absperrventil.

8.3.5 Flüssigkeitsabscheider

Flüssigkeitsabscheider haben die Funktion, flüssiges Kältemittel vor dem Kompressor abzuscheiden. Sie werden entsprechend in die Saugleitung eingebaut. Der Kompressor ist nicht in der Lage, Flüssigkeit aufzunehmen, da sich diese nicht verdichten läßt. Ein Flüssigkeitsstrom in den Verdichter hinein würde zunächst zur Ölverdünnung und dann zur Zerstörung führen (siehe Flüssigkeitsschläge). Normalerweise kann diese Situation nicht auftreten, weil die primären Geräte wie z.B.

das Expansionsventil einwandfrei arbeiten. Bei einem Ausfall könnte aber die Ansaugung von flüssigem, nicht verdampftem Kältemittel möglich sein. Dagegen kann man sich mit einem Flüssigkeitsabscheider schützen. Es handelt sich hier um nichts weiter als einen Behälter, durch den das Sauggas hindurchgeführt wird. Unten befindet sich eine kleine Bohrung in dem U-Rohr, damit eine Ölrückführung möglich bleibt.

Damit das angesammelte flüssige Kältemittel besser verdampft, wird gern eine Rohrschlange als Wärmeaustauscher in den Behälter eingebaut. Durch diese wird das Kältemittelöl der Flüssigkeitsseite hindurchgeführt. Durch die Wärme verdampft das Kältemittel schneller und der Wärmeaustauschereffekt ist zusätzlich gegeben (siehe Wärmeaustauscher). So wird denn auch eine notwendige saugseitige Überhitzung gewährleistet.

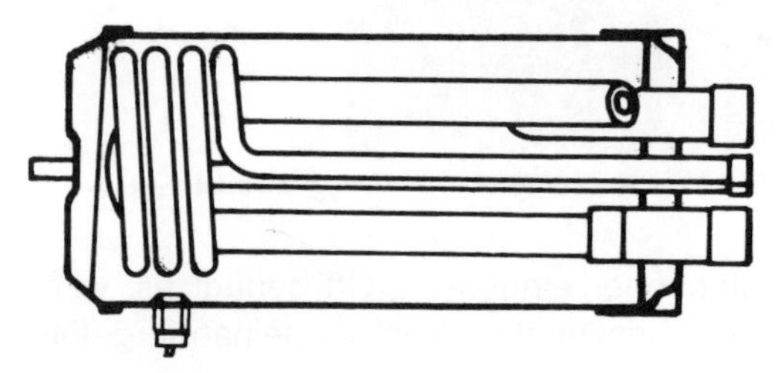

Abbildung 43
Abscheider mit Wärmeaustauscher

8.4 Die Berechnung von Rohrleitungen

Durch die Rohre der Kühlanlagen strömt das Kältemittel. Die Masse an Kältemittel, die pro Zeiteinheit hindurchfließt, nannten wir den Kältemittelmassenstrom $\dot{m}_k = \frac{m}{\tau}$ mit der Einheit kg/s. Bezogen auf das Volumen gibt es den Volumenstrom als Produkt des Massenstromes mit der Dichte $\dot{m}k \cdot \rho$.

Die **Strömungslehre** entwickelt die Vorgänge in der Rohrleitung. Sie wird auf alle strömenden Medien angewendet, auch auf Wasser, Luft, Öl oder Sole. Dabei geht man davon aus, daß die Moleküle des Mediums sich unter Aufwand einer äußeren Energie durch das Rohr hindurchbewegen, wobei verschiedene Energieformen auftreten.

Ist der Druck am Anfang der Rohrleitung so hoch wie am Ende, und wird die Rohrleitung am Ende geöffnet, so kommt die Strömung zustande. Dies zeigt, daß das

Druckgefälle für das Zustandekommen der Strömung verantwortlich ist, daß ein Druck eine Energie darstellt, die Druckenergie.

Anhand der Einheiten für die Energie können wir auch darstellen, wie sich der Druck als Energieform äußert. Energie hat nämlich die Einheit J entsprechend Nm.

Die Druckenergie äußert sich als

Gleichung 69:

$$E_p = \frac{m \cdot \Delta p}{\rho} \qquad \left[kg \ \frac{N}{m^2} \ \frac{m^3}{kg} \right] \triangleq \left[Nm \right]$$

Somit stellt der Druckabfall auf einer Leitung die Energiemenge dar, die nötig ist, um das strömende Medium überhaupt zu transportieren.

Besonders relevant ist hier die Saugleitung. Der Druckabfall äußert sich unmittelbar in der Anlagenleistung. Daß Druck und Temperatur sich proportional verhalten, zeigt folgendes Beispiel:

Diagramm des Verdichters auf S. 45

Leistung bei Saugdruck –20°C/40°C Kond. = 5,5 kW

Leistung bei Saugdruck –22°C = 5,2 kW

Dies entspricht einer Minderleistung von rd. 6%.

Der Saugdruck sollte nicht weiter als entsprechend 2 K Temperaturdifferenz abfallen.

Auf die Berechnung des Druckabfalles in den kältemittelführenden Leitungen gehen wir in diesem Band nur tabellarisch ein, da dies einer besonders umfangreichen Behandlung bedarf.

Ein weiterer Druckabfall entsteht in der Flüssigkeitsleitung durch die Energie der Lage. Die Flüssigkeit ist schwer. Wenn die Flüssigkeitsleitung nun über eine lange Strecke senkrecht nach oben geht, so muß die Flüssigkeit hinaufgepumpt werden. Abgesehen vom Druckverlust durch die Strömung ist hier das Gefälle relevant. Ein flüssiges Kältemittel R 22 mit einer Temperatur von 40°C wiegt pro dm^3 1,131 kg. Entsprechend entsteht hier ein Druckverlust einer solchen Flüssigkeitssäule. Bei einer zu überwindenden Höhendifferenz von 20 Meter bedeutet dies mehr als 2 bar.

Da die Leistung des Expansionsventils abhängig von der Druckdifferenz zwischen Flüssigkeits- und Verdampferseite ist, muß dies bei der Auslegung berücksichtigt werden.

8.4.1 Die Durchflußgleichung

Der Massenstrom ist die strömende Masse div durch die Zeiteinheit. Der Volumenstrom ist das strömende Volumen div durch die Zeiteinheit.

Gleichung 70:

$$\dot{m} = \frac{m}{\tau} \qquad \dot{V} = \frac{V}{\tau}$$

$\dot{m}$ = Massenstrom $\left[\frac{kg}{h}\right]$

m = Masse [kg]

$\dot{V}$ = Volumenstrom $\left[\frac{m^3}{h}\right]$

V = Volumen

τ = Zeiteinheit

Zudem ist $V = m \cdot v$ mit v = spez. Volumen in m^3/kg.

Ist A in m^2 der freie Querschnitt der Stromröhre und w die Strömungsgeschwindigkeit in m/s, so ergibt sich für eine Strömungsscheibe, die einen Weg zurücklegt in einem Rohr mit festgelegtem Querschnitt A bei einer Geschwindigkeit w

Gleichung 71:

$$\dot{V} = A \cdot w$$

und somit

Gleichung 72:

$$A \cdot w = m \cdot v$$

Aus dieser Grundgleichung ergibt sich für die Berechnung eines Rohrquerschnittes

Gleichung 73:

$$A = \frac{m \cdot v}{w} = \frac{\dot{V}}{w}$$

Und da der Querschnitt von Rohren geometrisch berechnet wird zu

Gleichung 74:

$$A = \frac{d^2 \pi}{4} \Longrightarrow d = \sqrt{\frac{4A}{\pi}}$$

folgt für den Durchmesser $d = \sqrt{\frac{4A}{\pi}}$

In diesem errechneten Durchmesser ist natürlich der Druckverlust nicht berücksichtigt. Die Werte müssen auf den Druckverlust hin überprüft und nachgerechnet werden. Diese Gleichung gilt auch für andere Medien als Kältemittel.

Luftkanalquerschnitte und anderes können damit überschläglich gut beurteilt werden.

8.4.2 Die Kontinuitätsgleichung

Die Masse Kältemittel, die in ein Rohr mit Querschnitt A_1 eintritt, muß auch wieder aus ihm heraustreten, weil sie ja nicht verloren geht. Wenn sich aber der Querschnitt zwischendurch auf A_2 ändert, dann muß sich auch die Strömungsgeschwindigkeit entsprechend ändern. Der Massendurchfluß bleibt aber konstant. Ist also

Gleichung 75:

$$A_1 = \frac{\dot{m} \cdot v}{w_1} = \frac{\dot{V}}{w_1} \qquad A_2 = \frac{\dot{m} \cdot v}{w_2} = \frac{\dot{V}}{w_2}$$

Gleichung 76:

$$\frac{A_1}{w_1} = \frac{A_2}{w_2}$$

$$A_1 \cdot w_1 = A_2 \cdot w_2$$

A_1 = Querschnitt Rohrabschnitt 1 $[m^2]$
A_2 = Querschnitt Rohrabschnitt 2
w_1 = Geschwindigkeit Rohrabschnitt 1 $\left[\frac{m}{s}\right]$
w_2 = Geschwindigkeit Rohrabschnitt 2

Die Geschwindigkeiten lassen sich also errechnen, wenn sich die Querschnitte verändern. Wir sehen, daß sich die Strömungsgeschwindigkeit mit wachsendem Querschnitt verringert.

8.4.3 Aufgaben

(Lösung siehe Seite 164/165)

1. Der ausgewählte Verdichter von Seite 50 mit $V_g = 18{,}13\ m^3/h$ geom. Hubvolumen arbeitet an einer kurzen Saugleitung, in der R 12 mit einer Geschwindigkeit von 6 m/sec strömt.

   Berechnen Sie den Durchmesser der Leitung ohne Berücksichtigung des Druckabfalls.

   Vergleichen Sie das Ergebnis mit dem Anschluß sowie mit der Tabelle auf Seite 132.

2. Ein luftgekühlter Radialkondensator steht innerhalb eines Raumes. Die Luft muß durch eine Öffnung in der Außenwand angesaugt werden. Die Luftleistung betrage 18 000 m^3/h. Berechnen Sie die notwendige Öffnung in der Wand ohne Berücksichtigung des Druckverlustes, wenn die Luft mit einer Geschwindigkeit von 3,5 m/s in den Raum eintreten soll.

3. In der Saugleitung einer Kältemaschine strömt das Kältemittel mit einer Geschwindigkeit von 8 m/s. Der Innendurchmesser beträgt 32 mm.

   Berechnen Sie den Volumenstrom $\dot{V}_o$.

   Aufgrund einer Leistungsregelung wird die Gesamtleistung der Maschine auf 60% reduziert. Deshalb werden im Steigestrang zwei Saugleitungen parallel gelegt. Berechnen Sie den minimalen Durchmesser einer Leitung zur Einhaltung der o.g. Strömungsgeschwindigkeit.

9. Der Kältebedarf

Unter Kältebedarf versteht man die Kälteleistung, die zu erbringen ist, damit eine Kühlanlage ihren Sinn und Zweck erfüllt.

Der Kältebedarf wird für den jeweiligen Bedarfsfall berechnet und festgelegt.

Dazu ist es erforderlich, die Problemstellung genau zu erfassen. Natürlich gibt es gewisse Regeln zur Berechnung, aber die Einsatzfälle sind insgesamt doch zu verschieden, um generelle Festlegungen zu treffen.

Die Berechnung des Kältebedarfs bedeutet grundsätzlich die Erfassung aller vorhandenen Wärmequellen.

So zum Beispiel

Wärmeeinstrahlung durch Wände
Begehung in Kühlräume
Offene Kühlraumtüren
Wärmeentwicklung durch Abtauung
Abwärmeäquivalente von Pumpen- und Ventilatorleistungen
Reifungsprozesse in Lebensmitteln (Obst)
Beleuchtung
Abkühlung des Kühlgutes selber
Abwärmeentwicklung von Menschen

Sind alle Wärmequellen erfaßt und insgesamt mit einer Wärmeleistung in kJ/h oder W zu bewerten, kann man dies auf die notwendige Leistung der Kältemaschine umlegen. Es ist aber notwendig, das gleichzeitige Auftreten der Wärmequellen, die Gleichzeitigkeit zu erfassen und dies in der zu installierenden Kälteleistung zu berücksichtigen.

9.1 Auslegung von Kühlanlagen

Die Kältemaschinen sollen nicht zu 100% ausgelastet sein. Bei Kühlräumen wird eine tägliche Laufzeit von 14 bis 18 Stunden pro Tag akzeptiert.

Die zu installierende Leistung beträgt dann

$$\frac{\text{gesamte Wärmeentwicklung pro Tag}}{\text{Maschinenlaufzeit pro Tag}}$$

Es ist zu beachten, daß die Verdichter nicht zu häufig ein- und ausschalten müssen, da dies besonderen Verschleiß verursacht.

Bei Prozeßkühlanlagen ist eine Anpassung der Leistung über die besprochenen Verfahren der Leistungsregelung notwendig.

Bezüglich der Abkühlleistung wird auf das Verhalten der thermostatischen Expansionsventile hingewiesen, sowie auf die Leistungsunterschiede, die die Kältekreisläufe bei verschiedenen Verdampfungstemperaturen/Saugdrücken aufweisen. Für besondere technische Prozesse, die eine differenzierte Abkühlung erfordern, können durch eine sachgerechte Auslegung erhebliche Vorteile gewonnen werden.

9.2 Berechnung

Zur Berechnung gelten alle Gleichungen, die bisher abgeleitet wurden.

Um Stoffe abzukühlen, ist Gleichung 5 einzusetzen. Dabei ist korrekt zu erfassen, wo der Gefrierpunkt liegt.

Eine Vereinfachung ist es, mit der Enthalpie-(Differenz) zu arbeiten gemäß Gleichung 29.

Für die Wärmeeinstrahlung in Kühlräume kommen die Gleichungen 63 und 64 infrage. Die Wärmedurchgangszahl k ist für die verschiedensten Baumaterialien in entsprechenden Tabellen enthalten.

Für die Abkühlung von Luft ist zu berücksichtigen, daß diese als Gemisch aus dem Gas „Luft“ besteht sowie aus Wasserdampf. Beim Abkühlen wird der Wasserdampf flüssig, wobei für die Verflüssigungswärme zusätzliche Kälteleistung zur Verfügung zu stellen ist.

10. Nachsatz über die Einheiten

Bei den hier aufgeführten Einheiten und Berechnungen wird das „internationale Einheitensystem“ verwendet. Dies ist nach dem „Gesetz über Einheiten im Meßwesen“ in Deutschland Pflicht.

10.1 Zusammenhang der Einheiten

In diesem System lassen sich Berechnungen besonders durchgängig und ohne das ständige Einfügen von Umrechnungsfaktoren ausführen. Es gibt nur vier Basiseinheiten, auf die sich das ganze System aufbaut. Alle anderen Größen werden aus einem Zusammenhang dieser vier Größen gebildet. Es handelt sich um:

m	Meter	Entfernung
kg	Kilogramm	Masse
K	Kelvin	Temperatur
τ	Sekunde	Zeit

Abgeleitete Einheiten sind z. B.

N	Newton	Kraft	$\frac{\text{kg m}}{\text{s}^2}$
N/m^2	Pascal	Druck $\text{kg/s}^2\text{m}$	

Der erste Hauptsatz der Wärmelehre besagt ja, daß Arbeit und Wärme gleichwertig sind. Für die Arbeit = Energie gilt, daß eine Kraft von 1 N über eine Wegstrecke von 1 m ausgeübt wird.

$$\text{N} \cdot \text{m} = \frac{\text{kg m}}{\text{s}^2} \cdot \text{m} = \frac{\text{kg m}^2}{\text{s}^2}$$

Wird sich diese Energie in Wärme umwandeln, so ergibt sich eine gleichwertige Arbeit

$$\text{Nm} = \frac{\text{kg m}^2}{\text{s}^2} = 1\ \text{J}$$

1 Joule im Bereich der Wärme entspricht der Energie von 1 Nm im Bereich der Arbeit.

1 Joule bzw. 1 Nm ist gleichwertig mit 1 Ws (Wattsekunde)

$$1\ \text{J} = 1\ \text{Nm} = 1\ \text{Ws}$$

Unter Leistung versteht man die Arbeit pro Zeiteinheit, also z.B. die verrichtete Arbeit pro Sekunde

$$1\,\frac{\text{J}}{\text{s}} = 1\,\frac{\text{Ws}}{\text{s}} = 1\ \text{W}$$

aber auch

$$1\,\frac{\text{Nm}}{\text{s}} = \frac{\text{kg m}}{\text{s}^2} \cdot \frac{\text{m}}{\text{s}} = \frac{\text{kg m}^2}{\text{s}^3}$$

So ergeben sich bei der Ausrechnung von Einheiten Zusammenhänge, die im ersten Moment sehr unübersichtlich erscheinen und sich nur über diesen Weg deuten lassen. Das kgm^2/s^3 scheint nicht auf den ersten Blick die Einheit einer Leistung zu sein; und es ist auch notwendig, die Grundeinheiten hierin zu erkennen.

Ein weiteres schönes Beispiel hierfür ist die spez. Wärmekapazität

$$\frac{\text{J}}{\text{kg}} = \frac{\text{Nm}}{\text{kg}} = \frac{\text{kg m}}{\text{s}^2} \cdot \frac{\text{m}}{\text{kg}} = \frac{\text{m}^2}{\text{s}^2}$$

10.2 Gleichungen, Berechnungen

Bei den Berechnungen werden innerhalb aufgestellter Gleichungen physikalische bzw. technische Größen miteinander in Bezug gebracht.

Physikalische Größen sind das Produkt aus einem Zahlenwert und einer Einheit. Z. B. ist der Massenstrom von 5 kg/s

$\dot{m}$ 5 kg/s

Hierin ist

$\dot{m}$	die physikalische Größe
5	der Zahlenwert
kg/s	die Einheit des Massenstromes

So gilt

$$m = \{5\} \qquad [kg/s]$$

also Zahlenwert mal Einheit, wobei der Zahlenwert in der geschweiften Klammer, die Einheit in der eckigen Klammer steht. So geben wir die Einheiten in eckigen Klammern geschrieben an.

10.3 Umrechnungen

Die früheren Einheiten aus dem sog. technischen Einheitensystem sind aus dem früheren Sprachgebrauch nicht einfach wegzudenken. Deshalb ist es immer wieder notwendig, diese auf das neue Einheitensystem umrechnen zu können und umgekehrt.

So gilt z. B. bei der Wärme

1 kcal = 4,18 J

Bestimmung von Rohrquerschnitten

Technische Angaben und Umrechnungswerte

Bestimmung von Rohrquerschnitten bzw. Durchflußmengen

für Kältemittel-Leitungen in Kupfer nach der Länge in m für R 12 (R 22 = 75 %)

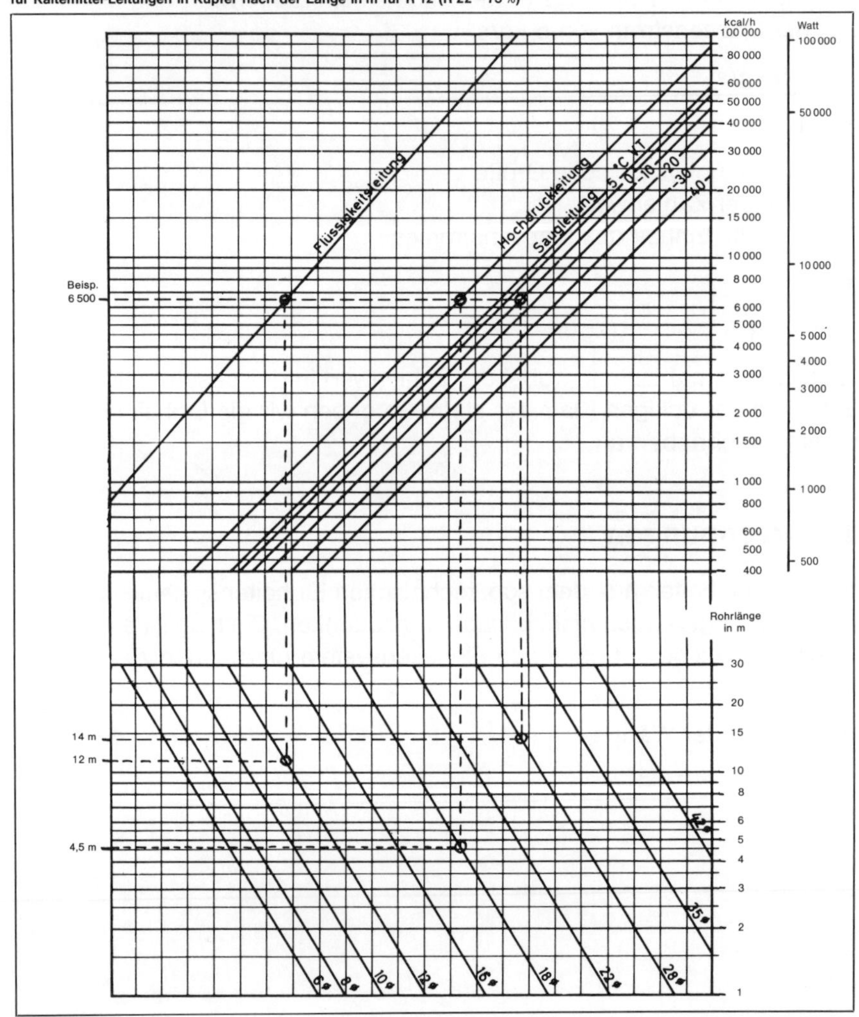

Frigen 22
Dampftafel für das Naßdampfgebiet

Temperatur t °C	Druck p bar	Spezifisches Volumen der Flüssigkeit v' l/kg	Spezifisches Volumen des Dampfes v'' l/kg	Dichte der Flüssigkeit ϱ' kg/l	Dichte des Dampfes ϱ'' kg/m³	Enthalpie der Flüssigkeit h' kJ/kg	Enthalpie des Dampfes h'' kJ/kg	Verdampfungswärme r kJ/kg
-70	0.206	0.671	940.11	1.491	1.064	123.02	372.97	249.95
-65	0.281	0.677	705.32	1.478	1.418	127.87	375.52	247.65
-60	0.376	0.683	537.29	1.465	1.861	132.84	378.07	245.23
-55	0.497	0.689	415.07	1.452	2.409	137.92	380.59	242.67
-50	0.646	0.695	324.82	1.438	3.079	143.11	383.09	239.98
-45	0.830	0.702	257.23	1.424	3.888	148.40	385.55	237.15
-40	1.053	0.709	205.95	1.410	4.856	153.81	387.97	234.16
-35	1.321	0.717	166.57	1.396	6.004	159.31	390.34	231.03
-30	1.640	0.724	135.98	1.381	7.354	164.90	392.65	227.75
-25	2.016	0.732	111.97	1.366	8.931	170.57	394.89	224.32
-20	2.455	0.740	92.93	1.351	10.761	176.34	397.07	220.73
-15	2.964	0.749	77.70	1.335	12.870	182.16	399.16	217.00
-10	3.550	0.758	65.40	1.319	15.290	188.06	401.18	213.12
-5	4.219	0.768	55.39	1.303	18.053	194.00	403.10	209.10
0	4.980	0.778	47.18	1.286	21.194	200.00	404.93	204.93
5	5.839	0.788	40.40	1.269	24.753	206.03	406.65	200.62
10	6.803	0.799	34.75	1.251	28.774	212.11	408.27	196.16
15	7.882	0.811	30.03	1.233	33.304	218.21	409.77	191.56
20	9.081	0.824	26.04	1.214	38.401	224.34	411.14	186.80
25	10.411	0.837	22.66	1.194	44.127	230.50	412.38	181.88
30	11.880	0.852	19.78	1.174	50.558	236.69	413.48	176.79
35	13.496	0.867	17.31	1.153	57.784	242.93	414.42	171.49
40	15.269	0.884	15.17	1.131	65.911	249.22	415.19	165.97
45	17.209	0.902	13.32	1.108	75.072	255.57	415.76	160.19
50	19.327	0.923	11.70	1.084	85.434	262.03	416.11	154.08
55	21.635	0.945	10.29	1.058	97.212	268.62	416.20	147.58
60	24.146	0.970	9.03	1.031	110.694	275.41	415.99	140.58
65	26.873	0.999	7.92	1.001	126.278	282.44	415.40	132.96
70	29.833	1.032	6.92	0.969	144.540	289.86	414.35	124.49
75	33.042	1.071	6.01	0.934	166.374	297.79	412.67	114.88
80	36.520	1.120	5.17	0.893	193.300	306.49	410.12	103.63
85	40.290	1.185	4.38	0.844	228.286	316.43	406.22	89.79
90	44.374	1.282	3.59	0.780	278.856	328.61	399.75	71.14
95	48.802	1.509	2.60	0.663	384.732	347.71	384.72	37.01
96.18	49.900	1.949	1.95	0.513	513.084	366.83	366.83	0.00

Volumetrischer Kältegewinn R 22

Verdampfungstemperatur t_o °C (Zeilen) – Kondensationstemperatur t_c °C (Spalten); q_o kJ/m³

t_o \ t_c	-50	-45	-40	-35	-30	-25	-20	-15	-10	-5
-60	437.3	427.5	417.4	407.2	396.8	386.2	375.5	364.6	353.7	342.6
-55	572.2	559.4	546.4	533.1	519.7	506.0	492.1	478.1	463.9	449.5
-50		722.5	705.9	689.0	671.8	654.3	636.5	618.6	600.5	582.1
-45			901.0	879.6	857.8	835.8	813.4	790.7	767.8	744.7
-40				1110.3	1083.2	1055.6	1027.6	999.3	970.7	941.8
-35					1353.5	1319.4	1284.8	1249.8	1214.4	1178.7
-30						1633.1	1590.8	1547.9	1504.6	1460.9
-25							1952.0	1899.9	1847.3	1794.2
-20								2312.5	2249.1	2185.1
-15									2717.1	2640.5
-10										3167.8

$$q_0^{\bullet} = \frac{h_1 - h_3'}{v''} = \frac{Q_0^{\bullet}}{V_0^{\bullet}}$$

Kondensationstemperatur t_c °C

t_o \ t_c	0	5	10	15	20	25	30	35	40	45
-60	331.4	320.2	308.9	297.5	286.1	274.7	263.1	251.5	239.8	228.0
-55	435.1	420.6	405.9	391.2	376.5	361.6	346.7	331.7	316.5	301.2
-50	563.7	545.1	526.4	507.6	488.8	469.8	450.7	431.5	412.2	392.6
-45	721.4	697.9	674.3	650.6	626.7	602.8	578.7	554.5	530.0	505.3
-40	912.7	883.4	853.9	824.3	794.5	764.6	734.5	704.3	673.8	642.9
-35	1142.7	1106.5	1070.0	1033.4	996.6	959.6	922.4	885.0	847.3	809.1
-30	1416.8	1372.4	1327.7	1282.9	1237.8	1192.5	1146.9	1101.1	1054.8	1008.1
-25	1740.6	1686.7	1632.5	1578.0	1523.3	1468.2	1412.9	1357.2	1301.1	1244.3
-20	2120.6	2055.7	1990.3	1924.7	1858.7	1792.4	1725.7	1658.7	1591.0	1522.6
-15	2563.4	2485.7	2407.5	2329.0	2250.1	2170.8	2091.1	2010.9	1929.9	1848.1
-10	3076.1	2983.8	2891.0	2797.7	2704.0	2609.8	2515.1	2419.7	2323.6	2226.4
-5	3666.7	3557.7	3448.1	3337.9	3227.3	3116.0	3004.2	2891.7	2778.2	2663.4
0		4215.5	4086.8	3957.5	3827.5	3697.0	3565.7	3433.6	3300.3	3165.6
5			4815.8	4664.7	4512.9	4360.5	4207.1	4052.8	3897.2	3739.8
10				5468.8	5292.4	5115.1	4936.9	4757.6	4576.7	4393.7
15					6175.6	5970.5	5764.2	5556.6	5347.2	5135.5
20						6936.9	6699.1	6459.7	6218.3	5974.1

q_o kJ/m³

Dampftafel für R 717, Ammoniak (NH_3)

Temperatur t °C	Druck p bar	Druck p kp/cm²	Spez. Volum Flüssigkeit v' dm³/kg	Spez. Volum Dampf v'' dm³/kg	Spez. Enthalpie Flüssigkeit h' kJ/kg	Spez. Enthalpie Dampf h'' kJ/kg	Spez. Enthalpie Flüssigkeit h' kcal/kg	Spez. Enthalpie Dampf h'' kcal/kg	Spez. Verdampfungs-Enthalpie Δh_d kJ/kg	Spez. Verdampfungs-Enthalpie Δh_d kcal/kg
−70	0,1094	0,1116	1,3782	9006	−110,7	1356,2	25,79	376,15	1466,9	350,36
−65	0,1563	0,1594	1,3893	6449	− 89,12	1365,2	30,94	378,30	1454,3	347,36
−60	0,2190	0,2233	1,4006	4702	− 67,43	1374,0	36,13	380,41	1441,4	344,28
−55	0,3015	0,3074	1,4122	3486	− 45,66	1382,6	41,33	382,46	1428,3	341,13
−50	0,4085	0,4166	1,4241	2625	− 23,80	1391,1	46,55	384,49	1414,9	339,94
−45	0,5450	0,5557	1,4364	2004	− 1,85	1399,3	51,79	386,45	1401,2	334,66
−40	0,7171	0,7312	1,4490	1551	20,19	1407,3	57,05	388,36	1387,1	331,31
−35	0,9312	0,9496	1,4620	1215	42,33	1415,1	62,34	390,22	1372,8	327,88
−30	1,1946	1,2182	1,4754	962,6	64,56	1422,5	67,65	391,99	1358,0	325,34
−25	1,5115	1,5413	1,4893	770,5	86,90	1429,7	72,99	393,71	1342,8	320,72
−20	1,9011	1,9386	1,5035	622,8	109,32	1436,6	78,34	395,36	1327,3	317,02
−15	2,3620	2,4086	1,5183	507,9	131,85	1443,2	83,72	396,93	1311,3	313,21
−10	2,9075	2,9648	1,5336	417,7	154,47	1449,4	89,13	398,41	1294,9	309,28
− 5	3,5479	3,6179	1,5494	346,2	177,19	1455,2	94,55	399,80	1278,1	305,25
0	4,2941	4,3788	1,5659	289,0	200,00	1460,7	100,00	401,11	1260,7	301,11
+ 5	5,1576	5,2593	1,5830	242,8	222,91	1465,9	105,47	402,36	1243,0	296,89
+10	6,1504	6,2717	1,6007	205,3	245,91	1470,6	110,97	403,48	1224,7	292,51
+15	7,284	7,428	1,6192	174,63	269,01	1474,9	116,48	404,50	1205,9	288,02
+20	8,573	8,742	1,6386	149,41	291,40	1479,0	121,83	405,48	1187,6	283,65
+25	10,030	10,228	1,6588	128,35	314,88	1482,4	127,44	406,30	1167,5	278,86
+30	11,669	11,899	1,6800	110,75	338,52	1485,3	133,08	406,99	1146,8	273,91
+35	13,503	13,769	1,7023	95,96	362,33	1487,8	138,77	407,59	1125,5	268,82
+40	15,548	15,855	1,7257	83,47	386,32	1489,7	144,50	408,04	1103,4	263,54
+45	17,819	18,170	1,7504	72,85	410,50	1491,1	150,28	408,37	1080,6	258,09
+50	20,331	20,732	1,7767	63,78	434,91	1491,9	156,11	408,57	1057,0	252,46

Volumetrischer Kältegewinn

Maß-einheit	Verd.-temp. t_o °C	Temperatur t_{cu} vor dem Regelventil °C															
		−30	−25	−20	−15	−10	−5	0	+5	+10	+15	+20	+25	+30	+35	+40	+45
	−55	378,1	371,7	365,3	358,8	352,3	345,8	339,2	332,7	326,1	319,4	313,4	306,3	299,5	292,7	285,8	278,9
	−50	505,3	496,8	488,3	479,7	471,1	462,4	453,8	445,0	436,3	427,5	418,9	410,0	401,0	391,9	382,8	373,6
	−45	666,0	654,9	643,7	632,5	621,2	609,8	598,5	587,0	575,5	564,0	552,8	541,1	529,3	517,5	505,5	493,4
	−40	865,7	851,3	836,9	822,3	807,8	793,1	664,2	763,6	748,8	733,9	719,5	704,3	689,1	673,7	658,3	642,7
	−35	1111,6	1093,2	1074,7	1056,2	1037,6	1018,9	1000,1	981,2	962,3	943,3	924,9	905,5	886,1	866,5	846,7	826,8
	−30	1410,7	1387,5	1364,2	1340,8	1317,3	1293,7	1270,0	1246,2	1222,3	1198,3	1175,0	1150,7	1126,1	1101,4	1076,4	1051,3
	−25	–	1472,8	1713,7	1684,4	1655,1	1625,6	1596,0	1566,2	1536,4	1506,4	1477,4	1446,9	1416,2	1385,3	1354,2	1322,8
kJ/m³	−20	–	–	2131,1	2095,0	2058,7	2022,2	1985,5	1948,8	1911,8	1874,7	1838,8	1801,1	1763,1	1724,9	1686,4	1647,6
	−15	–	–	–	2581,9	2537,4	2492,6	2447,7	2402,6	2357,3	2311,9	2267,8	2221,5	2175,0	2128,1	2080,9	2033,3
	−10	–	–	–	–	3100,1	3045,8	2991,1	2936,3	2881,2	2825,9	2772,3	2716,1	2659,5	2602,5	2545,1	2487,2
	−5	–	–	–	–	–	3691,5	3625,6	3559,5	3493,0	3426,3	3361,6	3293,8	3225,5	3156,8	3087,5	3017,6
	0	–	–	–	–	–	–	4362,3	4283,0	4203,4	4123,5	4046,0	3964,8	3883,0	3800,6	3717,6	3633,9
	+5	–	–	–	–	–	–	–	5119,4	5024,7	4929,5	4837,3	4740,6	4643,2	4545,2	4446,4	4346,8
	+10	–	–	–	–	–	–	–	–	5965,4	5852,8	5743,8	5629,4	5514,3	5398,3	5281,4	5163,7
	−55	90,3	88,8	87,3	85,7	84,1	82,6	81,0	79,5	77,9	76,3	74,8	73,2	71,5	69,9	68,3	66,6
	−50	120,7	118,7	116,6	114,6	112,5	110,4	108,4	106,3	104,2	102,1	100,1	97,7	95,8	93,6	91,4	89,2
	−45	159,1	156,4	153,7	151,1	148,4	145,6	142,9	140,2	137,5	134,7	132,0	129,2	126,4	123,6	120,7	117,8
	−40	206,8	203,3	199,9	196,4	192,9	189,4	158,6	182,4	178,8	175,3	171,8	168,2	164,6	160,9	157,2	153,5
	−35	265,5	261,1	256,7	252,3	247,8	243,4	238,9	234,4	229,8	225,3	220,9	216,3	211,6	207,0	202,2	197,5
	−30	336,9	331,4	325,8	320,2	314,6	309,0	303,3	297,6	291,9	286,2	280,6	274,8	269,0	263,1	257,1	251,1
	−25	–	351,8	409,3	402,3	395,3	388,3	381,2	374,1	367,0	359,8	352,9	346,6	338,3	330,9	323,4	315,9
kJ/m³	−20	–	–	509,0	500,4	491,7	483,0	474,2	465,5	456,6	447,8	439,2	430,2	421,1	412,0	402,8	393,5
	−15	–	–	–	616,7	606,0	495,3	584,6	573,9	563,0	552,2	541,7	530,6	519,5	508,3	497,0	485,6
	−10	–	–	–	–	740,4	727,5	714,4	701,3	688,2	675,0	662,2	648,7	635,2	621,6	607,9	594,1
	−5	–	–	–	–	–	881,7	866,0	850,2	834,3	818,4	802,9	786,7	770,4	754,0	737,4	720,7
	0	–	–	–	–	–	–	1041,9	1023,0	1004,0	984,9	966,4	947,0	927,4	907,8	887,9	867,9
	+5	–	–	–	–	–	–	–	1222,7	1200,1	1177,4	1155,4	1132,3	1109,0	1085,6	1062,0	1038,2
	+10	–	–	–	–	–	–	–	–	1424,8	1397,9	1371,9	1344,6	1317,1	1289,4	1261,4	1233,3

Frigen 502
Dampftafel für das Naßdampfgebiet

Temperatur t °C	Druck p bar	Spezifisches Volumen der Flüssigkeit v' l/kg	Spezifisches Volumen des Dampfes v" l/kg	Dichte der Flüssigkeit ϱ' kg/l	Dichte des Dampfes ϱ" kg/m³	Enthalpie der Flüssigkeit h' kJ/kg	Enthalpie des Dampfes h" kJ/kg	Verdampfungswärme r kJ/kg
-70	0.276	0.642	540.45	1.558	1.850	131.58	313.02	181.44
-65	0.369	0.648	411.90	1.542	2.428	135.70	315.56	179.86
-60	0.487	0.655	318.29	1.527	3.142	139.93	318.10	178.17
-55	0.634	0.661	249.10	1.512	4.014	144.29	320.63	176.34
-50	0.814	0.668	197.26	1.496	5.069	148.77	323.16	174.39
-45	1.033	0.676	157.91	1.480	6.333	153.37	325.66	172.29
-40	1.296	0.683	127.69	1.464	7.832	158.08	328.14	170.06
-35	1.610	0.691	104.20	1.448	9.597	162.93	330.60	167.67
-30	1.979	0.699	85.77	1.431	11.659	167.88	333.02	165.14
-25	2.410	0.707	71.15	1.414	14.054	172.96	335.41	162.45
-20	2.910	0.716	59.46	1.396	16.818	178.15	337.76	159.61
-15	3.486	0.725	50.02	1.379	19.991	183.45	340.06	156.61
-10	4.143	0.735	42.34	1.360	23.617	188.87	342.31	153.44
-5	4.889	0.745	36.04	1.342	27.745	194.38	344.50	150.12
0	5.731	0.756	30.84	1.323	32.426	200.00	346.63	146.63
5	6.676	0.768	26.51	1.303	37.722	205.72	348.69	142.97
10	7.731	0.780	22.88	1.282	43.700	211.53	350.67	139.14
15	8.902	0.793	19.83	1.261	50.438	217.44	352.57	135.13
20	10.197	0.807	17.23	1.239	58.027	223.42	354.36	130.94
25	11.623	0.822	15.02	1.217	66.576	229.51	356.06	126.55
30	13.189	0.838	13.12	1.193	76.217	235.67	357.62	121.95
35	14.902	0.857	11.48	1.167	87.116	241.94	359.05	117.11
40	16.770	0.877	10.05	1.141	99.483	248.29	360.30	112.01
45	18.803	0.899	8.80	1.112	113.596	254.76	361.36	106.60
50	21.013	0.925	7.70	1.081	129.834	261.36	362.17	100.81
55	23.411	0.954	6.72	1.048	148.746	268.13	362.68	94.55
60	26.014	0.990	5.84	1.010	171.165	275.13	362.77	87.64
65	28.840	1.033	5.04	0.968	198.480	282.49	362.30	79.81
70	31.918	1.091	4.29	0.917	233.321	290.47	360.95	70.48
75	35.285	1.175	3.55	0.851	281.909	299.69	358.00	58.31
80	39.005	1.342	2.71	0.745	369.545	312.82	350.66	37.84
82.16	40.748	1.784	1.78	0.561	560.644	331.82	331.82	0.00

Volumetrischer Kältegewinn R 502

Verdampfungstemperatur t_o °C

Kondensationstemperatur t_c °C

q_o kJ/m³

t_o \ t_c	-55	-50	-45	-40	-35	-30	-25	-20	-15	-10
-60	546.1	532.0	517.6	502.8	487.6	472.0	456.0	439.7	423.1	406.1
-55		690.0	671.5	652.6	633.1	613.2	592.8	572.0	550.7	529.0
-50			860.8	836.8	812.3	787.2	761.4	735.1	708.2	680.8
-45				1061.2	1030.6	999.2	967.0	934.1	900.6	866.3
-40					1294.0	1255.1	1215.4	1174.7	1133.2	1090.8
-35						1561.6	1512.8	1463.0	1412.1	1360.2
-30							1866.3	1805.7	1743.9	1680.8
-25								2210.2	2135.7	2059.6
-20									2595.1	2504.1
-15										3022.6

Kondensationstemperatur t_c °C

q_o kJ/m³

t_o \ t_c	-5	0	5	10	15	20	25	30	35	40
-60	388.7	371.1	353.1	334.8	316.3	297.5	278.4	259.0	239.3	219.3
-55	506.8	484.3	461.3	438.0	414.3	390.3	365.8	341.1	315.9	290.4
-50	652.8	624.3	595.4	565.9	536.0	505.6	474.8	443.5	411.7	379.5
-45	831.4	795.8	759.6	722.8	685.4	647.4	608.9	569.9	530.2	489.9
-40	1047.6	1003.6	958.8	913.3	867.1	820.1	772.5	724.2	675.2	625.4
-35	1307.3	1253.3	1198.5	1142.7	1086.0	1028.5	970.2	911.0	850.9	789.9
-30	1616.5	1551.0	1484.3	1416.6	1347.7	1277.8	1206.9	1135.0	1062.0	987.9
-25	1982.1	1903.1	1822.7	1741.1	1658.1	1573.9	1488.4	1401.7	1313.7	1224.4
-20	2411.3	2316.8	2220.7	2122.9	2023.7	1922.9	1820.6	1716.8	1611.5	1504.6
-15	2912.3	2800.0	2685.7	2569.5	2451.5	2331.7	2210.1	2086.8	1961.6	1834.5
-10	3493.7	3361.0	3226.0	3088.7	2949.3	2807.7	2664.1	2518.4	2370.6	2220.4
-5		4009.2	3850.6	3689.3	3525.5	3359.3	3190.5	3019.4	2845.7	2669.3
0			4569.4	4380.9	4189.5	3995.2	3798.0	3597.9	3394.9	3188.8
5				5174.1	4951.4	4725.3	4495.9	4263.2	4027.0	3787.2
10					5822.6	5560.7	5295.0	5025.4	4751.8	4474.0
15						6513.7	6207.0	5895.8	5580.1	5259.4
20							7245.3	6887.3	6524.0	6155.1

Spezifische Wärmekapazität und Erstarrungswärme bei Nahrungsmitteln

	Spezifische Wärme vor dem Erstarren kJ / kg K	Spezifische Wärme nach dem Erstarren kJ / kg K	Schmelz / Erstarrungs-enthalpie kJ / kg
Äpfel	3,83	1,76	281
Bananen	3,35	—	218
Beeren	3,81	1,8 - 2,09	280 - 290
Bier	3,77	—	301
Weizenbrot	—	—	—
Roggenbrot	—	—	—
Butter	2,51	1,26	192
Eier	3,18	1,67	234
Eis / Wasser	4,19	2,09	335
Fisch, mager	3,43	1,80	2,55
Fisch, fett	2,85	1,59	209
Fleisch v. Rind, fett	2,55	1,49	172
Fleisch v. Rind, mager	3,25	1,76	234
Fleisch v. Schwein	2,14	1,34	130 - 153
Geflügel	2,93 - 3,2	1,67	247
Käse, mager	2,85	1,67	176
Käse, fett	2,5	1,26	110 - 155
Kartoffeln	3,35	1,76	243
Kirschen	3,64	1,84	276
Kohl	3,89	2,01	306
Margarine	1,85	—	—
Milch	3,94	2,51	293
Quark	2,93	1,88	268
Sahne	3,56	1,51	197
Schmalz	2,51	1,67	121 - 147
Spargel	3,89	1,97	314
Speck	2,30	1,30	71
Teig	1,88	—	—
Tomaten	3,89	2,05	314
Wild	3,35	1,67	247
Wein	3,77	—	—
Zucker	—	1,26	—
Blumenzwiebeln	3,89	2,01	306
Speisezwiebeln	3,81	1,92	268 - 297
Hammelfleisch	2,51	1,70	167

Enthalpiewerte einiger Lebensmittel

Enthalpie in kJ / kg bei Temperaturen	- 18°	0°	+ 20°
Rindfleisch, mager	43	298,2	369,1
Schweinefleisch	4,6	211,9	272,6
Fisch, mager	5,0	265,9	336,2
Fisch, fett	5,0	249,1	317,4
Butter	4,2	93,0	171,7
Kirschen	30	301,5	372,6
Erdbeeren	26	357,6	432,9
Eiscreme	39,7	265,9	335,0
Spinat	24	358,0	431,7
Graubrot	36,0	146,1	197,6

Überschlägiger Kältebedarf für Kühlräume

Allg. Lebensmittel - Kühlraum - Raumtemperatur +4/+6° C

Kälteleistung in kW bei – 6° C Verdampfungstemperatur und + 25° C Umgebungstemperatur – max. Laufzeit der Aggregate 16 h/Tag – Isolierung allseitig 10 cm Styropor – Beschickung 80 kg/m² – Warenabkühlung um 14° C

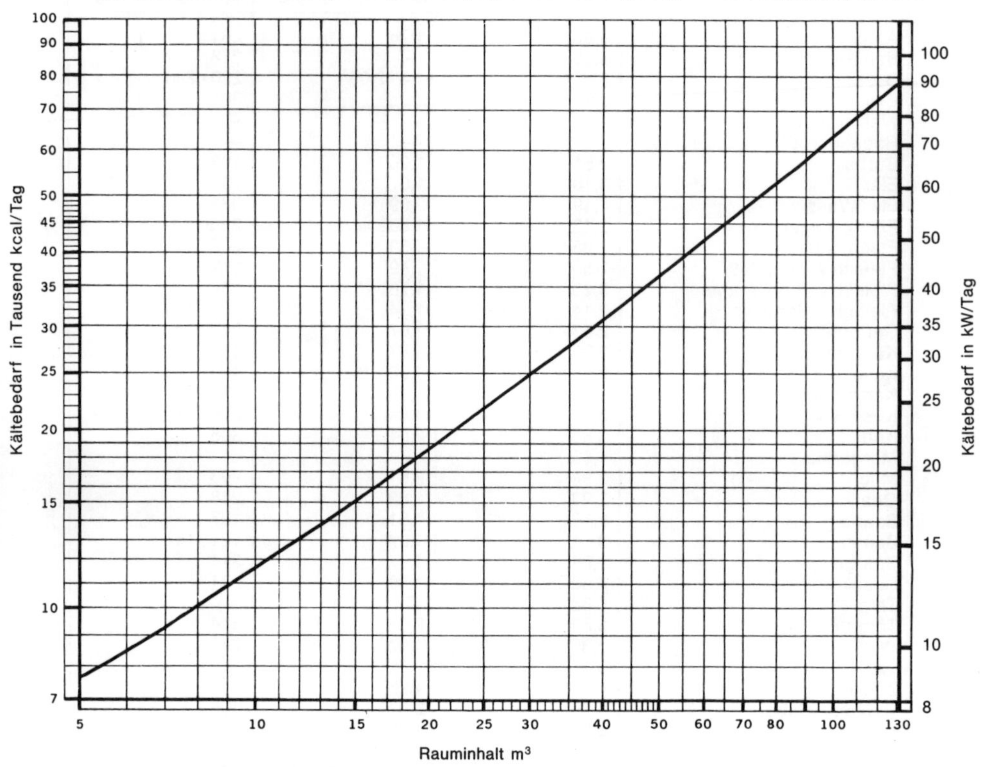

Die Angaben sind unverbindliche Richtwerte.

Tiefkühlraum - Lagern - Raumtemperatur −21/−23° C

Kälteleistung in kW bei −30° C Verdampfungstemperatur und +25° C Umgebungstemperatur – max. Laufzeit der Aggregate 18 h/Tag – Isolierung allseitig 22 cm Styropor – Beschickung 80 kg/m² – Warenabkühlung um 14° C

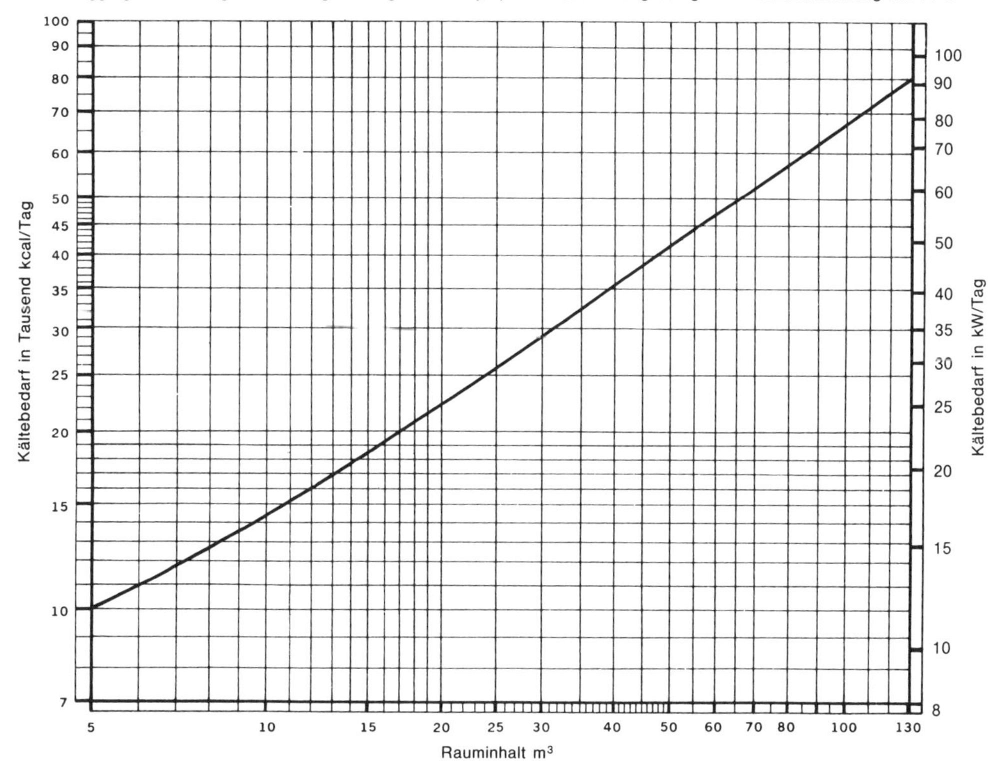

Die Angaben sind unverbindliche Richtwerte.

Gesamtwärmeabgabe des Menschen in Watt

ruhig sitzend	102	tanzend	249
langsam gehend	131	schwer arbeitend	426
leicht arbeitend	220		

Umrechnung von Einheiten

Enthalpie-Differenz, Latente Wärme

Δh	$\frac{kJ}{kg}$	$\frac{kcal}{kg}$	$\frac{Btu}{pound}$
1 kJ/kg	1	0,239	0,43
1 kcal/kg	4,19	1	1,80
1 Btu/lb	2,33	0,556	1

$1 \frac{cal}{g} - \frac{kcal}{kg}$

Entropie-Differenz, Spez. Wärmekapazität

Δs	$\frac{kJ}{kg\ K}$	$\frac{kcal}{kg\ °C}$	$\frac{Btu}{pound\ °F}$
1 kJ/kg K	1	0,239	0,239
1 kcal/kg °C	4,19	1	1
1 Btu/lb °F	4,19	1	1

Volumetrischer Kältegewinn

$\dot{q}_0$	$\frac{kJ}{m^3}$	$\frac{kcal}{m^3}$	$\frac{Btu}{cubic\ foot}$	$\frac{ton\text{-}day}{cubic\ foot}$
1 kJ/m³	1	0,239	0,02685	$0,0929 \cdot 10^{-6}$
1 kcal/m³	4,1868	1	0,1123	$0,3901 \cdot 10^{-6}$
1 Btu/ft³	37,253	8,90	1	$3,473 \cdot 10^{-6}$
1 ton-day/ft³	$10,734 \cdot 10^{6}$	$2,563 \cdot 10^{6}$	$0,288 \cdot 10^{6}$	1

Wärmeleitkoeffizient

λ	$\frac{J}{m\ s\ K} - \frac{W}{m\ K}$	$\frac{kJ}{m\ h\ K}$	$\frac{kcal}{m\ h\ °C}$	$\frac{Btu}{ft.h\ °F}$	$\frac{Btu\ in}{sq.ft.h\ °F}$
$1\ J/ms\ K - \frac{W}{m\ K}$	1	3,60	0,860	0,578	6,94
1 kJ/m h K	0,278	1	0,239	0,1605	1,926
1 kca/m h °C	1,163	4,19	1	0,6719	8,064
1 Btu/ft.h °F	1,730	6,23	1,488	1	12
1 Btu in/ft² h °F	0,144	0,519	0,124	0,0833	1

$$1 \frac{cal}{cm\ s\ °C} - 41868 \frac{J}{m\ s\ K} - 1{,}507 \frac{kJ}{m\ h\ K} - 360 \frac{kcal}{m\ h\ °C} - 242 \frac{Btu}{ft\ h\ °F} -$$
$$- 2900 \frac{Btu\ in}{sq.ft.h\ °F}$$

Wärmedurchgangskoeffizient, Wärmeübergangskoeffizient

k, α	$\frac{J}{m^2\ sK} - \frac{W}{m^2\ K}$	$\frac{kJ}{m^2\ h\ K}$	$\frac{kcal}{m^2\ h\ °C}$	$\frac{Bru}{sq.ft.h\ °F}$
$1\ J/m^2\ s\ K - \frac{W}{m^2\ K}$	1	3,60	0,860	0,1761
1 kJ/m² h K	0,278	1	0,239	0,0489
1 kcal/m² h °C	1,163	4,1868	1	0,2050
1 Btu/ft² h °F	5,680	20,40	4,880	1

$$\frac{cal}{cm^2\ s\ °C} - 41{,}868 \frac{J}{m^2\ s\ K} - 150{,}700 \frac{kJ}{m^2\ b\ K} - 36{,}000 \frac{kcal}{m^2\ h\ °C} - 7380 \frac{Btu}{sq.ft.h\ °F}$$

Strahlungskoeffizient, Strahlungsfaktor, Strahlungskonstante

	$\frac{J}{m^2 s\ (K)^4} - \frac{W}{m^2\ (K)^4}$	$\frac{kJ}{m^2\ h\ (K)^4}$	$\frac{kcal}{m^2\ h\ (K)^4}$	$\frac{Btu}{sq.ft.h\ (°R)^4}$
$1\ J/m^2 s\ (K)^4 - \frac{W}{m^2\ (K)^4}$	1	3,60	0,860	0,0302
1 kJ/m² h (K)⁴	0,278	1	0,239	0,0084
1 kcal/m² h (K⁴	1,163	4,1868	1	0,0351
1 Btu/ft² h (°R)⁴	33,1	119,2	28,5	1

k-Werte von Bauteilen

(Richtwerte) glatte Rohre

in Luft

Raumtemperatur	< 0°	>°
	W/m²K	W/m²K
stille Kühlung	18,6	14
Ventilation	23,3	18,6

in Flüssigkeit

Verdampfungstemperatur	0—10°	– 15°
	W/m²K	W/m²K
ruhend	116	105 . . . 116
schwach bewegt	198	186
stark bewegt	233 . . . 291	209 . . . 230

Lamellenverdampfer aus Alu-Lamellen und Cu-Rohren

Raumtemperatur	< 0°	> 0°
	W/m² K	W/m²K
stille Kühlung	7	5,8
bewegte Kühlung	8,15	7,56
Hochleistungsverdampfer	9,3—11	7,5 . . . 9,5

Plattenverdampfer

	W/m²K
in Flüssigkeit ruhend	116—230
in Flüssigkeit bewegt	230—350
Steilanordnung bewegt	350—700
Aluplatten in Kühlmöbeln	≈ 9,3
Bündelrohrverflüssiger	700—820
Berieselungsverflüssiger	350—700
Doppelrohr-Gegenstrom-Verflüssiger	550

Wärmeleitzahl einiger Stoffe λ

	W/mK
Kork	0,036
Stahlbeton	1,5
Ziegelstein	0,79
Schaumstoff Polystyrol	0.031
Schaumstoff Polyurethan	0.028
Iporha	0.031
Zementputz	0,87
Stahl	70
Kupfer	384
Kesselstein	0,6—2,2
Öl	0,1

Wärmeübergangszahl α an ebener Wand

Luftgeschwindigkeit m/s	α in W/m²k
0	5,6
3	17,4
6	28,5
9	39,1
20	72,6

Schmelz- und Erstarrungsenthalpie h

	kJ/kg
Eis	334,9
Glyzerin	177,9
Öl	146,5

Verdampfungsenthalpie

	kJ/kg
Wasser	2257
Alkohol	879
Luft	205

Spezifische Wärme

	kJ/kg K
Äthylalkohol	2,47
Glycerin	3,77
Öl	1,67
Wasser	4,19
Eis (– 10 °C)	2,22
Eisen	0,477
Kupfer	0,389

Symbole für Bauteile

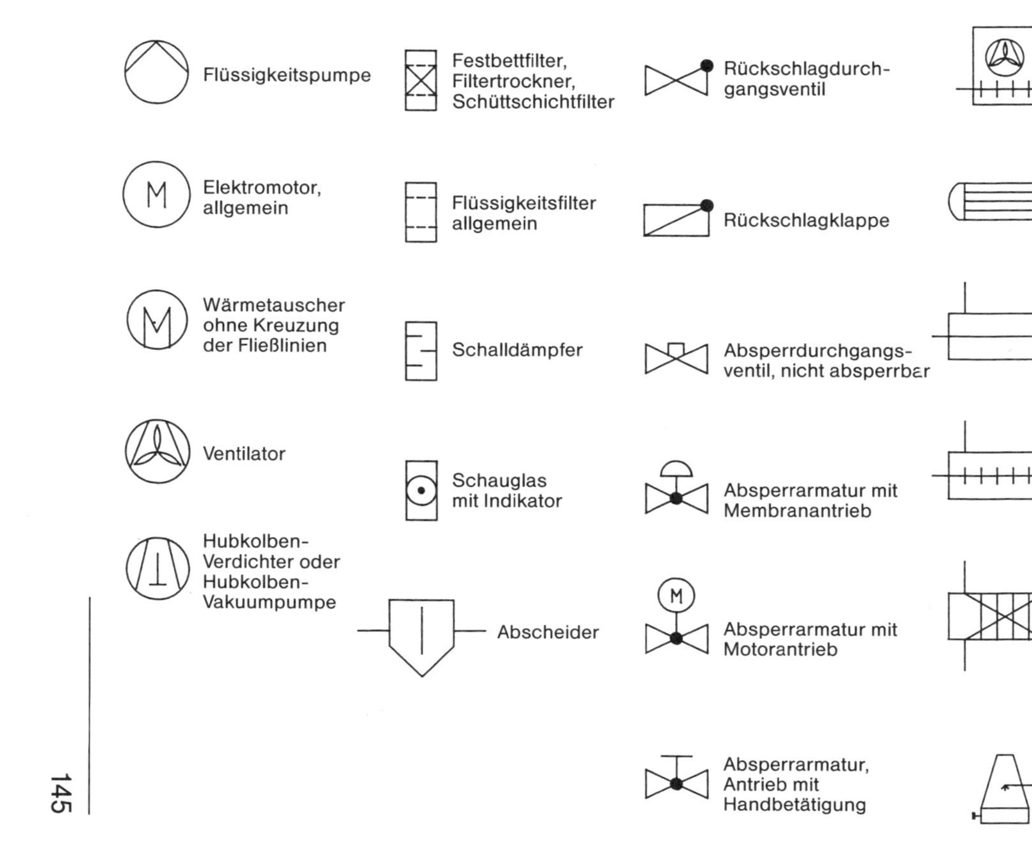

12. Lösungen

Aufgaben der Seite 15

1) Gegeben: 3 kg Eis — 0 °C = t_A

$h = 334{,}9\ kJ/kg$

$t_E = +15\ °C \qquad c_{Wasser} = 4{,}19\ \frac{kJ}{kg \cdot K}$

$\Delta T = 15\ K$

$Q = m \cdot h + m \cdot c_W \cdot \Delta T$

$$Q = 3\ kg \cdot 334{,}9\ \frac{kJ}{kg} + 3\ kg \cdot 4{,}19\ \frac{kJ}{kg \cdot K} \cdot 15\ K$$

$$= 1004{,}7\ kJ + 188{,}5\ kJ = \underline{\underline{1193{,}25\ kJ}}$$

Es müssen 1193,25 kJ Wärme zugeführt werden.

2) Gegeben: 5 kg Wasser = m

$t_A = +33\ °C$ = Anfangstempertur

Siedepunkt = + 100 °C => $\Delta T = 67\ K$

$r = 2257\ \frac{kJ}{kg}$

$Q = m \cdot r + m\,(t_E - t_A) \cdot c$

$$Q = 5\ kg \cdot 2257\ \frac{kJ}{kg} + 5\ kg \cdot 4{,}19\ \frac{kJ}{kg \cdot K} \cdot 67\ K$$

$$Q = 11285\ kJ + 1403{,}65\ kJ = \underline{\underline{12688{,}65\ kJ}}$$

Zur Verdampfung ist eine Wärmemenge von 12688,65 kJ nötig.

3) Gegeben: m = 3 kg Alkohol $c = 2{,}71\ \frac{kJ}{kg \cdot K}$

$t_A = 62\ °C \qquad t_E$ = Endtemperatur $\qquad \Delta T = 43\ K$

$Q = m \cdot c \cdot \Delta T$

$$= 3\ \text{kg} \cdot 2{,}71\ \frac{\text{kJ}}{\text{kg} \cdot \text{K}} \cdot 43\ \text{K} = 349{,}59\ \text{kJ}$$

$$\text{Leistung} = \frac{\text{Arbeit}}{\text{Zeit}} \quad \rightarrow$$

349 kJ in 20 Minuten bzw. 0,33 Stunden

$$\dot{Q} = \frac{349\ \text{kJ}}{0{,}33\ \text{Std.}} = \underline{\underline{1047\ \frac{\text{kJ}}{\text{h}}}} = 0{,}29\ \text{KW}$$

Die Leistung muß 1047 $\frac{\text{kJ}}{\text{h}}$ betragen.

4) Gegeben: $m = 5$ kg Dampf

$t_A = +15\ °C \quad => \quad \Delta T = 85\ K$

$Q = m \cdot r + m \cdot c \cdot \Delta T$

$Q = 11285\ kJ + 1781\ kJ = 13066\ kJ$

13066 kJ sind in 0,5 Stunden zu erbringen. Die Stundenleistung beträgt $\underline{\underline{26132\ \frac{\text{kJ}}{\text{h}}}} = 7{,}25$ KW

5) Gegeben: $m = 50$ kg Fleisch

$t_A = +10\ °C \quad t_E = -20\ °C$

Abkühlzeit 12 Stunden

Gefrierpunkt Fleisch $-2\ °C = t$

$c_1 = 3{,}25\ \frac{\text{kJ}}{\text{kg} \cdot \text{K}}$ vor dem Gefrieren

$c_2 = 1{,}72\ \frac{\text{kJ}}{\text{kg} \cdot \text{K}}$ nach dem Gefrieren

$h = 234\ \frac{\text{kJ}}{\text{kg}}$

$$Q = m\left[(t_A - t) \cdot c_1 + h + (t - t_E)\, c_2\right]$$

$$Q = 50\ \text{kg}\left[(12 \cdot 3{,}25 + 234 + 18 \cdot 1{,}76)\right]\ \text{kJ/kg}$$

$$Q = 15234\ \text{kJ}$$

die in 12 Stunden zu erbringen sind.

Daraus Stundenleistung:

$$\frac{15234\ \text{kJ}}{12\ \text{h}} = 1269\ \frac{\text{kJ}}{\text{h}}$$

Die Anlage muß pro Stunde 1269 $\frac{\text{kJ}}{\text{h}}$ leisten.

6) Gegeben: Wärmemenge $Q_o = 13\,000$ kJ

Verdampfungstemperatur $t_o = -10$ °C

Gesucht: zu verdampfende Menge Kältemittel m_K

$$Q_o = m_K \cdot (h'' - h')$$

h' = Enthalpie der Flüssigkeit
h'' = Enthalpie des Dampfes

$$m_K = \frac{Q_o}{h'' - h'}$$

laut Tabelle S. 123 ist bei −10 °C

$$h' = 188{,}06\ \frac{\text{kJ}}{\text{kg}} \qquad h'' = 401{,}18\ \frac{\text{kJ}}{\text{kg}}$$

$$m_K = \frac{13\,000\ \text{kJ}}{(401{,}18 - 188{,}06)\ \frac{\text{kJ}}{\text{kg}}} = \frac{13\,000}{213{,}12}\ \text{kg}$$

$$= 60{,}9\ \text{kg}$$

Es müssen 60,9 kg R 22 verdampfen bei −10 °C, damit 13 000 kJ gebunden werden.

7) Gleiche Rechnung wie bei 1

$$h' = 164{,}9\ \frac{kJ}{kg} \qquad h'' = 392{,}65\ \frac{kJ}{kg}$$

$$m_K = \frac{Q_0}{h'' - h'} = \frac{4260\ kJ}{(392{,}65 - 164{,}9)\ \frac{kJ}{kg}}$$

$$= \frac{4190}{227{,}75}\ kg = \underline{\underline{18{,}7\ kg}}$$

Es müssen 18,7 kg R 22 bei – 30 °C verdampfen, um 4190 kJ zu binden.

8) Gegeben: 2,4 Ltr. Wasser + 7 °C

4,0 Ltr. Wasser + 80 °C

$$t_m = \frac{m_1\,c_1\,t_1 + m_2\,c_2\,t_2}{m_1\,c_1 + m_2\,c_2}$$

$$c_1 = c_2$$

$$t_m = \frac{m_1\,t_1 + m_2\,t_2}{m_1 + m_2} = \frac{(2{,}5 \cdot 7 + 4 \cdot 80)\ kg\ °C}{6{,}5\ kg}$$

$$= \frac{17{,}5 + 320}{6{,}5}\ °C = \underline{\underline{51{,}92\ °C}}$$

Die Mischung hat eine Temperatur von 51,92 °C.

9) Gegeben: 1,3 Ltr. Alkohol $t_1 = +50\ °C \triangleq 323\ K$

2,2 Ltr. Wasser $t_2 = +22\ °C \triangleq 295\ K$

$$\rho = 0{,}79\ \frac{kg}{dm^3}$$

$c_{Wasser} = 4{,}19\ \frac{kJ}{kg \cdot K}$ $c_{Alkohol}$ aus Tabelle S. 135 $= 2{,}47\ \frac{kJ}{kg \cdot K}$

Masse des Wassers = 2,2 kg

Masse des Alkohols $m_1 = \rho \cdot V = 1{,}3\,dm^3 \cdot 0{,}79\,\frac{kg}{dm^3} = 1{,}027\,kg$

$$t_m = \frac{m_1\,c_1\,t_1 + m_2\,c_2\,t_2}{m_1\,c_1 + m_2\,c_2}$$

$$= \frac{(1{,}027 \cdot 2{,}47 \cdot 323 + 2{,}2 \cdot 4{,}19 \cdot 295)\,kg\,\frac{kJ}{kg \cdot K} \cdot K}{(1{,}027 \cdot 2{,}47 + 2{,}2 \cdot 4{,}19)\,kg\,\frac{kJ}{kg \cdot K}}$$

$$= \frac{3533{,}46\,kJ}{11{,}6\,\frac{kJ}{K}} = \frac{329{,}63}{11{,}75} = 304{,}61\,K = 31{,}61\,°C$$

Die Mischungstemperatur beträgt 31,61 °C

10) Gegeben: $m_1 = 10$ Ltr. Wasser $\quad t_1 = +30\,°C$

$m_2 = 0{,}5$ kg Eis $\quad t_2 = -10\,°C$

Aufgenommene Wärme = abgegebene Wärme

Eis nimmt auf: Wärme zur Temperturerhöhung bis Gefrierpunkt t_o, Erstarrungswärme und Temperaturerhöhung bis t_m, also:

$$m_2 \cdot c_{Eis}\,(t_2 - t_o) + m_2 \cdot h + m_2\,(t_m - t_o)\,c_{Wasser}$$

Wasser gibt ab:

$$m_1 \cdot c_1 \cdot (t_1 - t_m)$$

gleichgesetzt:

$$m_2 \cdot c_{Eis}\,(t_2 - t_o) + m_2 \cdot h + m_2\,(t_m - t_o)\,C_{Wasser} =$$
$$m_1 \cdot c_1 \cdot (t_1 - t_m)$$

Diese Gleichung nach t_m auflösen.

$$m_2 \cdot (t_m - t_o) + m_1\,c_1\,t_m = m_1\,c_1\,t_1 - m_2\,c_{Eis}\,(t_2 - t_o)$$

$$- m_2 \cdot h$$

$$t_m (m_2 + m_1 c_1) = m_1 c_1 t_1 - m_2 cEis (t_2 - t_o) - m_2 h + m_2 t_o$$

$$t_m = m_2 t_o + \frac{m_1 c_{1\ 1} - m_2 c_{Eis} t_2 + m_2 c_{Eis} t_o - m_2 h}{m_2 + m_1 c_1}$$

$t_o = 0\ °C$ daher →

$$t_m = \frac{m_1 c_1 t_1 - m_2 c_{Eis} t_2 - m_2 h}{c_{Wasser} m_2 + m_1 c_1}$$

mit $c_{Eis} = 2{,}09 \frac{kJ}{kg \cdot K}$ und $h = 335 \frac{kJ}{kg}$ →

$$t_m = \frac{10 \cdot 1 \cdot 30 - (2{,}09 \cdot 0{,}5 \cdot (-10)) - 0{,}5 \cdot 335}{4{,}19 \cdot 0{,}5 + 10 \cdot 2{,}09} = 25\ °C$$

Die Wassertemperatur sinkt auf +25 °C

Aufgaben der Seite 27

Gegeben: $V = 30\,dm^3$ Luft

$t_1 = 25\,°C \qquad t_2 = 90\,°C$

$$\frac{p_1 \cdot V_1}{T_1} = \frac{p_2 \cdot V_2}{T_2} \rightarrow p = const$$

$$\frac{V_1}{T_1} = \frac{V_2}{T_2} \qquad V_2 = \frac{V_1}{T_1} \cdot T_2$$

$$T_1 = t_1 + 273 = 298\,K$$

$$T_2 = t_2 + 273 = 363\,K$$

$$V_2 = \frac{363}{298} \cdot 30 = \underline{\underline{36{,}54\,l}}$$

Das Volumen vergrößert sich auf 36,54 dm^3

2) Wie 1)

$$V_2 = \frac{V_1}{T_1} \cdot T_2 = \frac{10000\,m^3}{283\,K} \cdot 298\,K = 10\,530\,m^3$$

$$V_{aus} = V_2 - V_1 = 530\,m^3 = 530\,000\,l$$

Es strömen 530 m^3 aus.

3) Gegeben: $t_2 = 50\,°C \mathrel{\hat{=}} 323K \qquad t_1 = 10\,°C \mathrel{\hat{=}} 283\,K$

$p_1 = 151$ bar

$$\frac{p_1 V_1}{T_1} = \frac{p_2 V_2}{T_2}$$

$V = const$

$$\frac{p_1}{T_1} = \frac{p_2}{T_2} \qquad p_2 = \frac{p_1}{T_1} \cdot T_2 = \frac{151}{283} \cdot 323 = 172{,}3\,bar$$

Der Druck erhöht sich um 21,3 bar

4) $$\frac{p_1 V_1}{T_1} = \frac{p_2 V_2}{T_2}$$

$t_2 = 35\ °C$

$t_1 = 0\ °C$

$p_1 = 944\ mbar$

$p_2 = 1010\ mbar$

$V_2 = 500\ m^3$

gesucht V_1

$$\frac{p_1}{T_1} \cdot T_2 \frac{1}{p_2 V_2} = \frac{1}{V_1}$$

$$V_1 = \frac{T_1}{p_1} \cdot \frac{p_2 V_2}{T_2} = \frac{273}{944} \cdot \frac{1010 \cdot 500}{308} = 474{,}39\ m^3$$

Bei diesen Aufgaben wird Luft als ideales Gas angesehen. Der Siedepunkt liegt so tief, daß die Rechnung genau genug wird.

5a) $$Q_o = m \cdot c \cdot \Delta T = 200\ kg \cdot 3{,}0 \frac{kJ}{kgK} \cdot 20\ K = 12000\ kJ$$

b) $$h_1 = 272{,}6\ \frac{KJ}{kg}$$

$$h_2 = 211{,}9\ \frac{KJ}{kg}$$

Tabelle S. 127

$$Q_o = m\,(h_1 - h_2) = 200\ kg\,(272{,}6 - 211{,}9) \frac{KJ}{kg} = 12140\ kJ$$

6) $$h_1 = 272{,}6\ \frac{KJ}{kg}$$

$$h_2 = 4{,}6\ \frac{KJ}{kg}$$

$$Q_o = m\,(h_1 - h_2) = 200\ kg\,(272{,}6 - 4{,}6) \frac{KJ}{kg} = 53600\ kJ$$

Es ist der größte Teil der abzuziehenden Wärme im Erstarrungsbereich enthalten.

Aufgaben der Seite 38 Teil 1

1) $m_k = 3{,}3$ kg $t = +5$ °C v′ und v″ aus Dampftabelle S. 134

$V_{flüssig} = m_k v' = 3{,}3 \text{ kg} \cdot 0{,}788 \text{ l/kg} = 2{,}6 \text{ l}$

$V_{Dampf} = m_k v'' = 3{,}3 \text{ kg} \cdot 40{,}4 \text{ l/kg} = 133{,}3 \text{ l}$

Das Volumen des Dampfes ist 51 mal größer als das der Flüssigkeit.

2) $T = 254$ K $V = 7{,}8 \text{ m}^3 = 7800$ l

$m_k = 7800 \text{ l} / 92 \text{ l/kg} = V/v'' = 84{,}8 \text{ kg}$

Die Masse beträgt 84,8 kg.

3) $t_o = -30$ °C $\dot{Q}_o = 18900 \text{ W} = 68040 \frac{\text{kJ}}{\text{h}}$

$\dot{V}_o = (\dot{Q}_o / r)\, v''$

Werte aus Dampftabellen

	r	v″
R 12	166,03	160,01
R 22	227,75	135,98
R 502	165,14	85,77

es folgt:

$v'_{o12} = 65{,}5 \frac{\text{m}^3}{\text{h}}$

$v'_{o22} = 40{,}6 \frac{\text{m}^3}{\text{h}}$

$v'_{o502} = 35{,}3 \frac{\text{m}^3}{\text{h}}$

$[r] = \frac{\text{kJ}}{\text{kg}}; \quad [v''] = \frac{\text{l}}{\text{kg}}$

Bei R 22 braucht man einen kleineren Verdichter als bei R 12.
Bei R 502 liegt das Verhältnis noch günstiger.

4) Gesuchte Kurve bei Veränderung von T

$$\varepsilon_L = \frac{T}{T - T_o}$$

Werte bei 3 K Abstand:

10,1; 9,27; 8,58; 8; 7,5; 7,06; 6,68; 6,35; 6,06; 5,79; 5,55

5) Gesuchte Kurve bei Veränderung von T_o

$$\varepsilon_L = \frac{T}{T - T_o}$$

Werte bei 3 K Abstand:

6,06; 6,44; 6,88; 7,39; 7,97; 8,66; 9,47; 10,45; 11,6; 13,17; 15,15

6) Das Kältemittel soll vor dem Expansionsventil unterkühlt sein.

7) $p_1 : p_2 = V_2 : V_1$ $\qquad V_2 = (p_1 : p_2)\, V_1$

p	2	4	6	8	10
V	20	10	6,6	4	4

p

V

8) P_{eff} = 120 kW

$p = P_{eff}/\eta$ = 120 kW / 0,9 = 132 kW

Aufgaben der Seite 38 Teil 2

1) Das Gas wird in seinem Zustand unter der Voraussetzung verändert, daß sein Volumen konstant bleibt

$p_1 : p_2 = T_1 : T_2$

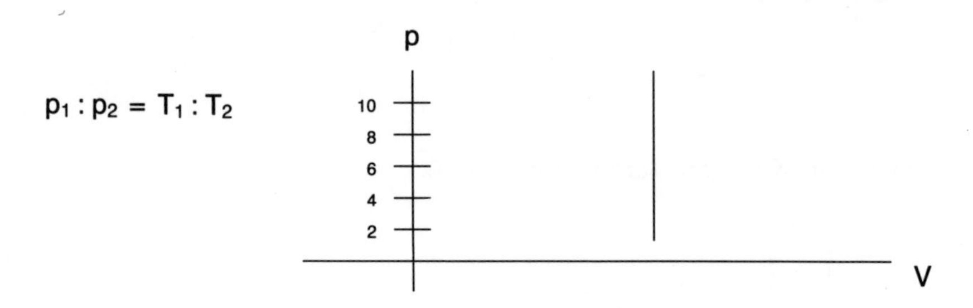

Volumen konst. Veränderung gibt eine Senkrechte. Es entsteht keine Fläche unter der Kurve, es wird keine äußere Arbeit verrichtet.

2) Das Gas wird in seinem Zustand unter der Voraussetzung verändert, daß sein Druck konstant bleibt.

$V_1 : V_2 = T_1 : T_2$

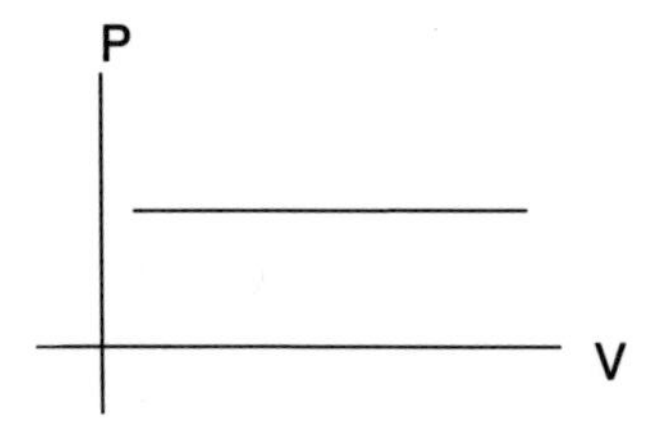

Veränderung gibt eine waagrechte Gerade. Es entsteht über der V-Achse eine Fläche. Es wird eine äußere Arbeit geleistet. Z. B. könnte ein Kolben durch diese Arbeit verschoben werden.

3) $p_1 : p_2 = V_2 : V_1$ Es folgt, daß $V_2 = (p_1 : p_2)\, V_1$

und die Verhältnisse $2/4 \cdot 10 = 5$
$4/6 \cdot 5 = 3{,}3$ bis
$10/12 \cdot 1{,}98 = 1{,}65$

p	2	4	6	8	10	12
V	10	5	3,3	2,5	2	1,65

Es ergibt sich eine Kurve, die Isotherme gennannt wird. Unter ihr liegt eine Fläche. Es wird äußere Arbeit geleistet.

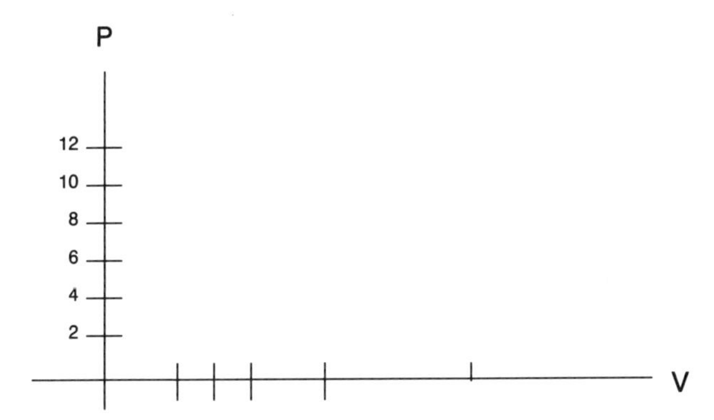

4) Im Vorgang 2 und 3 muß Arbeit nach außen geleistet werden. Besonders 3 ähnelt dem Vorgang im Verdichter, jedoch läuft es dort nicht isotherm, sondern polytrop. Es muß ja Temperaturveränderung geben.

5) a) $W = 2\,kW$ $W_{eff} = 1{,}548\,kW$, $\eta = W_{eff}/W = 0{,}774$

b) $W_{eff}/\varepsilon = W$

$1548\,W/3{,}5 = 442\,W$

Es werden 442 W Antriebsleistung benötigt, um 1,5 kW Heizleistung zur Verfügung zu haben. Beispiel: Brauchwasserwärmepumpe.

(W = Leistungsaufnahme)

(W_{eff} = effektive Leistungsaufnahme)

Aufgaben der Seite 72

1) Gegeben: $T_o = 258\ K \quad T = 306\ K$

$$\dot{Q}_o = 17830\ \frac{KJ}{h}$$

R 12 $\lambda = 0{,}85$

a) Gesucht: $\dot{V}g$

$$\dot{V}_o = \dot{m}_K \cdot v''$$ und

$$\dot{m}_K = \frac{\dot{Q}_o}{(h_1 - h_3)}$$

Daraus

$$\dot{V}g = \frac{\dot{Q}_o \cdot v''}{(h_1 - h_3)\,\lambda}$$

$$h_3 = 228{,}6\ \frac{KJ}{kg}$$

$$h_1 = 345{,}8\ \frac{KJ}{kg}$$

$$v'' = 91{,}45\ \frac{dm^3}{kg}$$

$$\dot{V}g = \frac{17830\ kJ \cdot kg \cdot 91{,}45 \cdot 10^{-3} m^3}{(345{,}8 - 228{,}6)\ h\ kJ \cdot 0{,}85 \cdot kg} = 16{,}37\ \frac{m^3}{h}$$

Der geometrische Hubvolumenstrom beträgt $16{,}37\ \frac{m^3}{h}$

b) Aus $\dot{V}g = Z \cdot \frac{d^2\pi}{4} \cdot s \cdot n \cdot 60$ ist der Zylinderinhalt $= \frac{d^2\pi}{4} \cdot s$

$$\frac{d^2\pi}{4} \cdot s = \frac{\dot{V}g}{Z \cdot n \cdot 60} = \frac{16{,}37\ m^3}{2 \cdot 960 \cdot 60\ min} = 142\ cm^3$$

Der Zylinderinhalt beträgt 142 cm³.

2) $\dot{Q}_{o22} = \dot{V}g \cdot \lambda \frac{(h_1 - h_3)}{v''}$

$h_3 = 236{,}7$ kJ/kg

$h_1 = 399{,}2$ kJ/kg

$v'' = 77{,}7$ dm³/kg

$\dot{Q}_{o22} = 16{,}37 \frac{m^3}{h} \cdot 0{,}85 \frac{(399{,}2 - 236{,}7)\ kg}{77{,}7 \cdot 10^{-3}\ m^3} = 29\,100$ kJ/h

Mit R 22 bringt der Kompressor 29 100 kJ/h

3) Aus $\frac{d^2\pi}{4} \cdot s$ folgt

bei einem willkürlich angenommenen Hub von s = 60 mm

$d = \sqrt{\frac{Vg \cdot 4}{\pi \cdot s}} = \sqrt{\frac{142\ cm^3 \cdot 4}{3{,}14 \cdot 6\ cm}} = 54{,}9$ mm

Kolbengeschwindigkeit folgt aus Weg pro Umdrehung = 2 s

$w_k = \frac{n \cdot 2 \cdot 50\ mm}{60\ sec} = 1920 \frac{mm}{sec} = 1{,}92 \frac{m}{sec}$

Aufgaben der Seite 104

1) $Q'_0 = 7{,}3\ \text{kW}$

$W' = 4\ \text{kW} = 4000\ \text{Watt}$

$Q' = W' + Q' = 4\ \text{kW} + 7{,}3\ \text{kW} = 11{,}3\ \text{kW}$

Der Kondensator muß eine Leistung von 11,3 kW bringen, weil die Antriebsleistung sich in Wärme umwandelt und ebenfalls im Kondensator abgeführt werden muß.

2) $Q' = 12\,550\ \text{W} \quad t_1 = +32\ °\text{C} \triangleq 305\ \text{K} \quad t_2 = +40\ °\text{C} \triangleq 313\ \text{K}$

gesucht G_L $\quad c_L = 0{,}36\ \frac{\text{W} \cdot \text{h}}{\text{m}^3\ \text{K}}$ (guter Näherungswert)

$$G_L = \frac{Q'}{(t_2 - t_1) \cdot c} = \frac{12\,560\ \text{W}}{(305 - 313)\ \text{K} \cdot 0{,}36\ \frac{\text{W} \cdot \text{h}}{\text{m}^3\ \text{K}}}$$

$$= \frac{12\,560\ \text{W}}{8\ \text{K} \cdot 0{,}36\ \frac{\text{W}}{\text{m}^3\text{K}}} = \frac{12\,560\ \text{m}^3}{8 \cdot 0{,}36\ \text{h}} = 4\,361{,}1\ \text{m}^3/\text{h}$$

Die Luftmenge durch den Kondensator beträgt 4361 m^3h.

3) $t_2 = +28\ °\text{C} \qquad c_w = 1{,}16\ \frac{\text{W} \cdot \text{h}}{\text{kg} \cdot \text{K}}$ (guter Näherungswert)

$t_1 = +16\ °\text{C}$

$$G_w = \frac{\dot{Q}}{(t_2 - t_1)\ c_w} = \frac{12560\ \text{W}}{(28 - 16)\ °\text{C} \cdot 1{,}16\ \frac{\text{Wh}}{\text{kg} \cdot \text{K}}}$$

$$= \frac{12560\ \text{W}}{12\ °\text{C} \cdot 1{,}16\ \frac{\text{Wh}}{\text{K} \cdot \text{kg}}} = 0{,}9\ \frac{\text{m}^3}{\text{h}}$$

Der Kondensator benötigt eine Wassermenge von 0,9 m^3/h.

4) $Q' = 5080\ W \qquad \Delta T = 10\ K$

$A = 23\ m^2$

$Q = k \cdot A \cdot \Delta T$

$$k = \frac{Q'}{A \cdot \Delta T} = \frac{5080\ W}{23\ m^3 \cdot 10\ K} = 22{,}09\ \frac{W}{m^2 \cdot K}$$

Der k-Wert beträgt $22{,}09\ \frac{W}{m^2 \cdot K}$

5) $Q'_o = 325\ W$

$k = 122\ \frac{W}{m^2K} \qquad \Delta T = 7\ K$

$Q'_o = k \cdot A \cdot \Delta T$

$$A = \frac{Q'_o}{k \cdot \Delta T} = \frac{325\ W \cdot m^2k}{122\ W \cdot 7\ k} = 0{,}38\ m^2$$

Die Oberfläche eines Rohres beträgt:

$A = d \cdot \pi \cdot l$

$$l = \frac{A}{d \cdot \pi} = \frac{0{,}38\ m}{0{,}012 \cdot \pi} = \underline{\underline{10{,}08\ m}}$$

Das Rohr muß 10,08 m lang sein.

6) $d = 12\ mm$

$Q'_o = 120\ W$

$W' = 40\ W$

$t_o = -10\ °C \qquad t = +30\ °C$

Der k-Wert läßt sich nur entsprechenden Tabellen entnehmen, z. B. Seite 134 $k = 23{,}3\ W/m^2K$

Die Leistung des Kondensators Q' muß betragen:

$Q' = Q'_o + W' = 120\ W + 40\ W.$

Oberfläche

$$A = \frac{Q'}{k \cdot \Delta T} = \frac{160\ W}{23{,}3\ \frac{W}{m^2K} \cdot 10\ K} = 0{,}687\ m^2$$

Aus Rohroberfläche

$$A = d\,\pi \cdot l$$

$$l = \frac{A}{d\pi} = \frac{0{,}687\ m^2}{0{,}012\ m \cdot 3{,}14} = 18{,}23\ m$$

Das Rohr muß 18,2 m lang werden.

7) $k = 0{,}2\ \frac{W}{m^2 \cdot K}$ $\quad A = 25\ m^2$

Hierzu Taschenrechner nehmen.

$$Q' = k \cdot A \cdot \Delta T$$

$$Q' = 0{,}2\ \frac{W}{m^2 \cdot K} \cdot 25\ m^2 \cdot \Delta T = 5\ \frac{W}{K} \cdot \Delta T$$

$$Q'_1 = 5\ \frac{W}{K} \cdot 10\ K = 50\ W$$

$$Q'_2 = 5\ \frac{W}{K} \cdot 15\ K = 75\ W$$

$$Q'_3 = 5\ \frac{W}{K} \cdot 20\ K = 100\ W$$

$$Q'_4 = 5\ \frac{W}{K} \cdot 30\ K = 150\ W$$

$$Q'_5 = 5\ \frac{W}{K} \cdot 40\ K = 200\ W$$

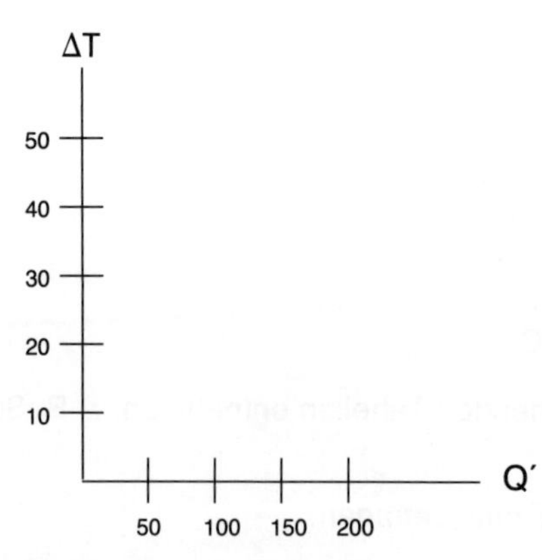

Der Wärmedurchgang verändert sich mit der Temperaturdifferenz linear.

8) $\lambda = 0{,}034 \, \frac{W}{m\,K}$ $\qquad \alpha = 8{,}82 \, \frac{W}{m^2k}$

$$k = \frac{1}{\frac{1}{\alpha_1} + \frac{\delta}{\lambda} + \frac{1}{\alpha_2}}$$

$$\alpha_1 = \alpha_2$$

$$\frac{1}{\frac{2\,m^2K}{8{,}82\,W} + \frac{\delta\,mK \cdot m}{0{,}034\,W}} =$$

$$\frac{1}{0{,}23 \, \frac{m^2K}{W}} + \frac{1}{29{,}4 \cdot \delta \, \frac{m^2K}{W}}$$

$$\frac{1}{0{,}034} = 29{,}4$$

$$k = \frac{1}{\frac{m^2K}{W}(0{,}23 + 29{,}4 \cdot \delta)}$$

$$k = \frac{1\,W}{m^2K\,(0{,}23 + 29{,}4 \cdot \delta)}$$

in δ einsetzen: 0,1; 0,2; 0,06

$$k_1 = \frac{1}{0{,}23 + 29{,}4 \cdot 0{,}1} = 0{,}315 \frac{W}{m^2K}$$

$$k_2 = \frac{1}{0{,}26 + 29{,}4 \cdot 0{,}2} = 0{,}162 \frac{W}{m^2K}$$

$$k_3 = \frac{1}{0{,}26 + 29{,}4 \cdot 0{,}06} = 0{,}494 \frac{W}{m^2K}$$

Das Ergebnis zeigt, daß eine Verbesserung der Isolierung von 6 auf 10 cm eine Verbesserung des k-Wertes um das 1,59fache bringt.

Verbesserung von 10 auf 20 cm bringt das 1,935fache und von 6 auf 20 cm das 3,086fache.

Aufgaben der Seite 126

1. Die Verluste nehmen wir mit 10 % an, so daß bei $\dot{V}_g$ = 18,13 m³/h ein V_o' = 16,32 m³/h bleibt.

   Mit v in m/sec. folgt

$$A = \frac{V'_o}{w} = \frac{16{,}32 \text{ m}^3 \text{ sec}}{6 \text{ hm} \cdot 3600 \text{ sec}} = 0{,}008 \text{ m}^2$$

$$A = \frac{d^2 \cdot \pi}{4} \quad d = \sqrt{\frac{4\,A}{\pi}} = \sqrt{\frac{4 \cdot 0{,}008}{3{,}14}} = 0{,}032 \text{ m} \triangleq 32 \text{ mm}$$

   Der Innendurchmesser müßte 32 mm betragen, also 35er Leitung.

   Der Verdichter S 50 hat 28 mm Anschluß, also 25 mm innen. Der Wert ist etwas kleiner, weil 6 m/sec Flußggeschwindigkeit die geringst zulässige für Saugleitungen ist. Bei 35er Anschluß dürfte laut Tabelle S. 120 die Saugleitung 20 m lang werden.

2. Luftleistung pro Stunde = 18 000 m³/h.

   pro Sekunde =

$$\frac{18\,000 \, \frac{\text{m}^3}{\text{h}}}{3600 \, \frac{\text{sek}}{\text{h}}} = 5 \, \frac{\text{m}^3}{\text{s}}$$

   aus Durchflußgleichung $\dot{V} = A \cdot w \Rightarrow$

$$A = \frac{\dot{V}}{w} = \frac{5 \, \frac{\text{m}^3}{\text{s}}}{3{,}5 \, \frac{\text{m}}{\text{s}}} = 1{,}43 \text{ m}^2$$

   Man wird die Fläche etwas größer wählen, da der Druckverlust in dieser Berechnung nicht berücksichtigt ist.

3. Bei einem Rohrdurchmesser von 32 mm innen beträgt der freie Querschnitt

$$A = \frac{d^2\pi}{4} = \frac{32 \cdot 32 \text{ mm}^2 \cdot 3{,}14}{4} = 804 \text{ mm}^2 \triangleq 0{,}000804 \text{ m}^2$$

Nach Durchflußgleichung ist der Volumenstrom:

$$\dot{V}_0 = A \cdot w = 0{,}000804\ m^2 \cdot 8\ \frac{m}{s} = 0{,}006432\ \frac{m^3}{s} \triangleq 23{,}16\ \frac{m^3}{h}$$

$$60\,\%\ \text{von}\ 0{,}006432\ \frac{m^3}{s} \triangleq 0{,}6 \cdot 0{,}006432\ \frac{m^3}{s} = 0{,}6 \cdot 64{,}32 \cdot 10^{-4}\ \frac{m^3}{s} =$$

$$38{,}59 \cdot 10^{-4}\ \frac{m^3}{s}$$

Bei der vorgesehenen minimalen Strömungsgeschwindigkeit von 8 m/s zur Ölrückführung ist aus Durchflußgleichung

$$\dot{V} = A \cdot w \Rightarrow$$

$$A = \frac{\dot{V}}{w} = \frac{38{,}59 \cdot 10^{-4}\ \frac{m^3}{s}}{8\ \frac{m}{s}} = 4{,}82 \cdot m^2 \cdot 10^{-4}$$

Daraus folgt für den Innendurchmesser

$$d = \sqrt{\frac{4A}{\pi}} = \sqrt{\frac{4{,}82 \cdot 10^{-4} \cdot 4}{3{,}14}} = 2{,}478 \cdot 10^{-4}\ m \cdot \underline{\underline{24{,}8\ mm}}$$

13. Einheiten und Formelzeichen

Q	= Wärmearbeit	kJ	Wh
Q_0	= Kältearbeit	kJ	Wh
$\dot{Q}$	= Wärmeleistung	kJ/h	W
$\dot{Q}$	= Kälteleistung	kJ/h	W
F	= Kraft	$N = \frac{kg\,m}{s^2}$	
A	= Fläche	m^2	
v'	= spez. Volumen der Flüssigkeit	$\left[\frac{dm^3}{kg}\right]$	
v''	= spez. Volumen des Dampfes	$\left[\frac{m^3}{kg}\right]$	
v	= spez. Volumen	$\left[\frac{m^3}{kg}\right]$	
h	= spez. Enthalpie	$\left[\frac{kJ}{kg}\right]$	
H	= Enthalpie	[kJ]	
Δ	= Differenz		
T_0	= Verdampfungstemperatur	[k]	
T_c	= Kondensationstemperatur	[k]	
W	= Antriebsarbeit	[Wh]	
$\dot{W}$	= Antriebsleistung	[W]	
ρ	= Dichte	$\left[\frac{kg}{m^3}\right]$	
E_p	= Druckenergie	$\left[\frac{N}{m^3}\right]$	
p	= Druck	$\left[\frac{N}{m^2}\right]$	
p_0	= Verdampfungsdruck	$\left[\frac{N}{m^2}\right]$	[bar]
p_c	= Kondensationsdruck	$\left[\frac{N}{m^2}\right]$	[bar]
Δp	= Druckdifferenz		
ΔT	= Temperaturdifferenz		
s	= Erstarrungswärme	[kJ]	
r	= Verdampfungswärme	[kJ]	
m	= Masse	[kg]	

c = spez. Wärmekapazität $\left[\frac{kJ}{kgk}\right]$

V = Volumen $[m^3]$

$\dot{V}_0$ = wirklicher Volumenstrom $\left[\frac{m^3}{n}\right]$

$\dot{V}_g$ = geometrischer Volumenstrom $\left[\frac{m^3}{n}\right]$

z = Zylinderzahl

d = Durchmesser $[mm]$

s = Hub $[mm]$

n = Umdrehungszahl $\left[\frac{1}{min}\right]$

λ = Liefergrad

ε_c = Leistungsziffer

η_c = carnotscher Wirkungsgrad

δ = Schichtdicke $[m]$

α = Wärmeübergangszahl $\left[\frac{V}{mk}\right]$

λ = Leitwert $\left[\frac{V}{m^2k}\right]$

α_i = Wärmeübergang Innenwand

α_a = Wärmeübergang Außenwand

T_{wi} = Innentemperatur auf der Wand $[k]$

T_{wa} = Außentemperatur auf der Wand $[k]$

$\dot{G}_w$ = Kühlwasserbedarf $\left[\frac{dm^3}{h}\right]$

$\dot{G}_L$ = Luftbedarf $\left[\frac{m^3}{h}\right]$

K = Wärmedurchgangszahl $\left[\frac{W}{m^2K}\right]$ $\left[\frac{kJ}{m^2Kh}\right]$

R_L = Wärmeleitwiderstand $\left[\frac{W}{m^2K}\right]$

r_L = spezifischer Wärmeleitwiderstand $\left[\frac{m^2K}{W}\right]$

r_α = spez. Wärmeübergangswiderstand $\left[\frac{m^2K}{W}\right]$

14. Stichwortverzeichnis

15. Zusammenfassung

Physikalische Grundgrößen

Kraft	Druck	Dichte	spez. Volumen	Druckenergie
$F = m \cdot a$	$P = \frac{F}{A}$	$\varphi = \frac{m}{V}$	$v = \frac{1}{\varphi}$	$E_p = \frac{m \cdot \Delta p}{\varphi}$

Erwärmungskurve

$$Q = m(c \cdot \Delta T + s + r) = m(h_2 - h_1)$$

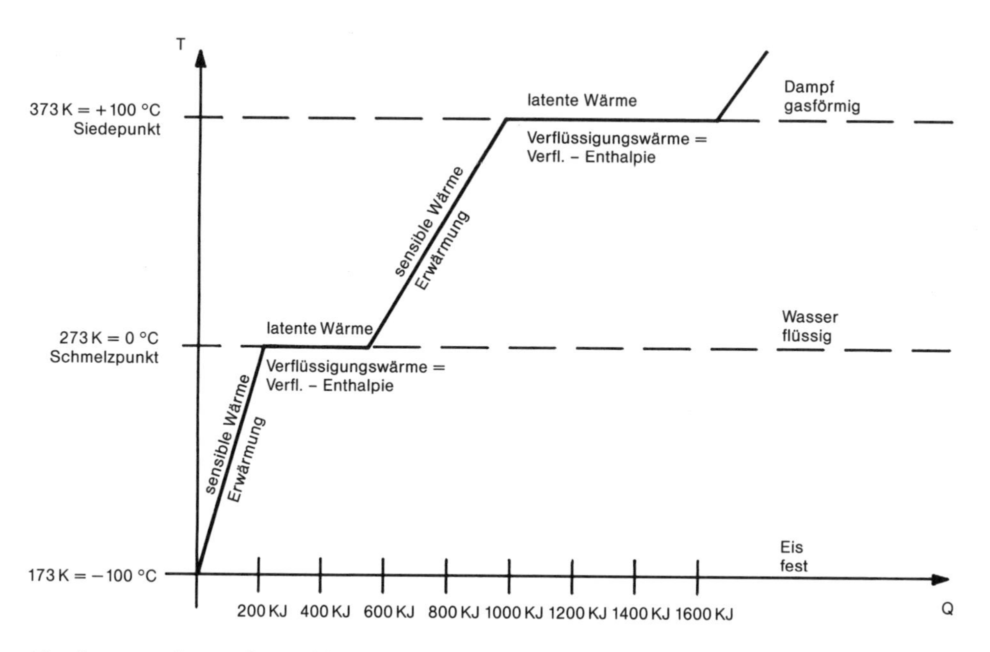

Erwärmungskurve in verkleinerter Form

Beachte: Unterschiedliche Werte von c in unterschiedlichen Aggregatzuständen.

Mischungsregel:

Die von der Masse mit niederer Temperatur T_1 aufgenommene Wärmemenge ist gleich der von der wärmeren Masse mit T_2 abgegebenen Wärmemenge.

$$T_{11} = \frac{m_2 \cdot T_2 \cdot c_2 + m_1 \cdot T_1 \cdot c_1}{m_1 T_1 + m_2 T_2}$$

Allgemeine Gasgesetze:

$p = const.$	$V = const.$	$T = const.$	Zusammenführung
isobar	isochor	isotherm	
$\frac{T_1}{T_2} = \frac{V_1}{V_2}$	$\frac{T_1}{T_2} = \frac{P_1}{P_2}$	$\frac{V_1}{V_2} = \frac{P_2}{P_1}$	$\frac{P_1 V_1}{T_1} = \frac{P_2 V_2}{T_2} = R$
Arbeitsleistung	keine Arbeit	Arbeitsleistung	

Berechnung der Kälteleistung aus Kältemittel Massenströmen/Volumenströmen

$$\dot{Q}_0 = \frac{\dot{V}_0}{v''} = (h_1 - h_3') = \dot{m}_K (h_1 - h_3')$$

geom. Volumenstrom aus Abmessung

$$\dot{V}_g = z \cdot \frac{d^2\pi}{4} \cdot s \cdot n \cdot 60$$

Liefergrad λ = Verhältnis von wirklichem Ansaugvolumen zu theoretisch möglichem.

$$\lambda = \frac{\dot{V}_0}{\dot{V}_g} \implies \dot{V}_0 = \dot{V}_g \cdot \lambda$$

mit vol. Kältegewinn $q_0 = \frac{h_1 - h_3'}{v''} \implies \dot{Q}_0 = q_0 \cdot \dot{V}_g \cdot \lambda$

Carnotsche Leistungsziffer

$$\varepsilon_C = \frac{\dot{Q}}{\dot{Q} - \dot{Q}_0} = \frac{\dot{Q}}{w} = \frac{T}{T - T_0}$$

gibt an, daß wievielfache an Wärmeenergie aus dem Kondensator herauskommt gegenüber der in den Antrieb eingebrachten Energie.

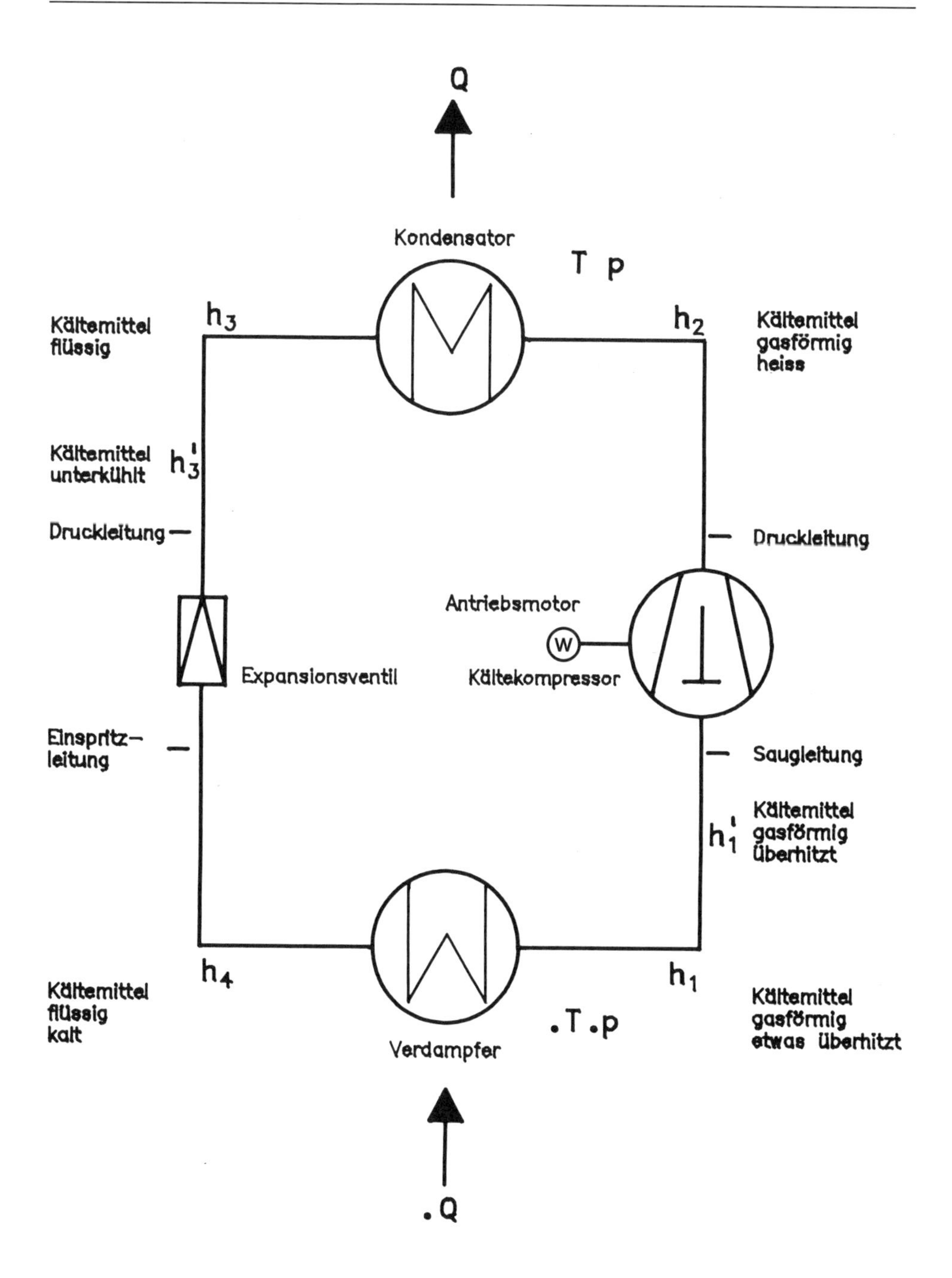
Q
Kondensator
T p
Kältemittel flüssig
h3
h2
Kältemittel gasförmig heiss
Kältemittel unterkühlt
h'3
Druckleitung
Druckleitung
Antriebsmotor
W
Expansionsventil
Kältekompressor
Einspritz-leitung
Saugleitung
Kältemittel gasförmig überhitzt
h'1
h4
h1
Kältemittel flüssig kalt
.T .p
Verdampfer
Kältemittel gasförmig etwas überhitzt
.Q

Kondensatoren

notwendige Leistung: $\dot{Q} = \dot{Q}_0 + w$ = Kälteleistung + Antriebsleistung

Kühlwasserverbrauch: $\dot{G}_w = \frac{\dot{Q}}{(T_{w2} - T_{w1})\, 4{,}19} \quad \left[\frac{dm^3}{h}\right]$

Luftbedarf: $\dot{G}_L = \frac{\dot{Q}}{(T_{L2} - T_{L1})\, 1{,}3} \quad \left[\frac{m^3}{h}\right]$

Wärmeaustausch:

reiner Wärmedurchgang

$$\dot{Q} = \frac{\lambda}{\delta} A\,(T_{w2} - T_{w1}) = \frac{(T_{w2} - T_{w1})}{R_L}$$

Wärmeleitwiderstand

$$R_L = \frac{\delta}{\lambda \cdot A}$$

Ein Widerstand ist das Verhältnis von Ursache zur Wirkung.

spez. Wärmewiderstände

$$r_L = \frac{\lambda}{\delta} \qquad r_{\alpha i} = \frac{1}{\alpha_i} \qquad r_{\alpha a} = \frac{1}{\alpha_a} \qquad r_{ges} = r_{\alpha i} + r_{L1} + \ldots r_{Ln} + r_{\alpha a}$$

Widerstände addieren sich.

Wärmedurchgangszahl

$$K = \frac{1}{r_{ges}} = \frac{1}{\frac{1}{\alpha_i} + \frac{\delta_1}{\lambda_1} + \ldots \frac{\delta_n}{\lambda_n} + \frac{1}{\alpha_n}}$$

$$\dot{Q} = K \cdot A \cdot (T_2 - T_1)$$

Strömung:

$$\dot{V} = m \cdot v = \frac{V}{\tau} = A \cdot w$$

$$A \cdot w = m \cdot v \quad \Longrightarrow \quad A = \frac{\dot{V}}{w}$$

Kontinuitätsgleichung:

$$A_1 \cdot w_2 = A_2 \cdot w_1$$

Fachliteratur für die Kältetechnik

Hans Dölz/Dieter Otto (Hrsg.)

Ammoniak-Verdichter-Kälteanlagen

Band 1: **Ausrüstungen, Berechnung und Projektierung**

XII, 178 Seiten, Abb.,
14,8×21 cm, kart.
DM 68,–, öS 531,–,
sFr 68,–
ISBN 3-7880-7422-1

Band 1 enthält NH_3-spezifische Grundlagen, Ausführungen über die wichtigsten Besonderheiten der Bauteile einer NH_3-Anlage im Vergleich zu FCKW-Anlagen sowie Berechnungen und Projektierungshinweise für NH_3-Anlagen.

An Hand von Projektbeschreibungen werden die Einsatzmöglichkeiten und sicherheitstechnischen Aspekte erläutert.

Band 2: **Montage und Betrieb**

200 Seiten, Abb.,
14,8×21 cm, kart.
DM 68,–, öS 531,–, sFr 68,–
ISBN 3-7880-7421-3

Im **2. Band** werden die Probleme der Montage und des Betreibens von NH_3-Verdichter-Kälteanlagen behandelt und die Besonderheiten des Einsatzes herausgestellt.

Reinhold Döring

Thermodynamische Eigenschaften von Ammoniak (R 717)

161 Seiten, überwiegend mit Tabellen und Diagrammen,
DIN A 4, broschiert,
DM 69,–, öS 538,–, sFr 69,–
ISBN 3-7880-7452-3

Unter Berücksichtigung neuester Messungen thermischer Eigenschaften des Ammoniaks wurden im SI-Maßsystem neue Dampftafeln aufgestellt, die auch die spezifische Wärmekapazität bei konstantem Druck Cp, die spezifische Wärmekapazität bei konstantem Volumen Cy, den Isentropenexponenten, die Schallgeschwindigkeit und die spezifische Exergie beinhalten.

(Preisstand Dezember 1993)

Verlag C. F. Müller

Im Weiher 10
69121 Heidelberg

Telefon 06221/489-1
Telefax 06221/489-443